CARTAS A UM JOVEM CIENTISTA

EDWARD O. WILSON

Cartas a um jovem cientista

Tradução
Rogério Galindo

2ª reimpressão

COMPANHIA DAS LETRAS

Copyright © 2013 by Edward O. Wilson

Grafia atualizada segundo o Acordo Ortográfico da Língua Portuguesa de 1990, que entrou em vigor no Brasil em 2009.

Título original
Letters to a Young Scientist

Capa
Mariana Newlands

Foto de capa
Clinton Hussey/ Corbis/ Latinstock

Foto de quarta capa
Alexis Harris, E. O. Wilson observando formigas, Fort Morgan Ferry, Gulf Shores, Alabama

Preparação
Mariana Delfini

Revisão
Jane Pessoa
Adriana Bairrada

Dados Internacionais de Catalogação na Publicação (CIP)
(Câmara Brasileira do Livro, SP, Brasil)

Wilson, Edward O.
    Cartas a um jovem cientista / Edward O. Wilson; tradução Rogério Galindo. — 1ª ed. — São Paulo: Companhia das Letras, 2015.

    Título original : Letters to a Young Scientist.
    ISBN 978-85-359-2545-6

    1. Biólogos — Estados Unidos — Correspondência 2. Naturalistas — Estados Unidos — Correspondência 3. Wilson, Edward O. — Correspondência I. Título.

14-13449   CDD-570.92

Índice para catálogo sistemático:
1. Biólogos: Estados Unidos: Correspondência 570.92

[2021]
Todos os direitos desta edição reservados à
EDITORA SCHWARCZ S.A.
Rua Bandeira Paulista, 702, cj. 32
04532-002 — São Paulo — SP
Telefone: (11) 3707-3500
www.companhiadasletras.com.br
www.blogdacompanhia.com.br
facebook.com/companhiadasletras
instagram.com/companhiadasletras
twitter.com/cialetras

à memória de meus mentores,
Ralph L. Chermock e William L. Brown

Sumário

Prólogo: Você fez a escolha certa 11

I. O CAMINHO A SEGUIR

1. Primeiro a paixão, depois os estudos 17
2. Matemática 23
3. O caminho a seguir 35

II. O PROCESSO CRIATIVO

4. O que é a ciência? 45
5. O processo criativo 56
6. O que é necessário 62
7. Com mais chance de ter sucesso 72
8. Eu nunca mudei 78
9. Arquétipos da mente científica 83
10. Cientistas como exploradores do universo 89

III. UMA VIDA NA CIÊNCIA

11. Um mentor e o início de uma carreira 99

12. Os Graals do campo da biologia 106
13. Uma celebração da audácia 120
14. Conheça o seu assunto profundamente 125

IV. TEORIA E QUADRO GERAL

15. Ciência como conhecimento universal 141
16. Procurando novos mundos na Terra 147
17. Construindo teorias 156
18. Teoria biológica em grande escala 169
19. Teoria no mundo real 180

V. VERDADE E ÉTICA

20. A ética científica 195

Agradecimentos 199
Créditos das imagens 201

CARTAS A UM JOVEM CIENTISTA

A foraminífera Orbulina universa, *um organismo oceânico unicelular. Modificado a partir de fotografia de Howard J. Spero/ Universidade da Califórnia, Davis.*

Prólogo

Você fez a escolha certa

Caro amigo,

Tendo dado aulas de ciência durante meio século a estudantes e a jovens profissionais, sinto-me privilegiado e feliz de ter aconselhado várias centenas de jovens talentosos e ambiciosos. Como resultado, construí um conhecimento profundo, na verdade uma filosofia, sobre o que é necessário saber para ter êxito na ciência. Espero que você possa aproveitar os pensamentos e as histórias que lhe contarei nas cartas que se seguem.

Primeiro e antes de mais nada, quero estimulá-lo a permanecer no caminho que escolheu e a ir o mais longe possível nele. O mundo precisa de você — muito. A humanidade está hoje plenamente imersa na era tecnológica, e não há volta. Embora a taxa de crescimento varie entre as várias disciplinas, o conhecimento científico duplica a cada quinze ou vinte anos. E tem sido assim desde o século XVII, chegando hoje a uma magnitude impressionante. E, como todo crescimento exponencial irrestrito que ocorre durante tempo suficiente, a cada década parece que ele está subindo quase verticalmente. A alta tecnologia se desenvolve em paralelo a uma velocidade comparável. A ciência e a tecnologia, ligadas intimamente por uma aliança simbiótica, permeiam todas as dimensões das nossas vidas. Elas não guardam segredos por muito tempo. Estão disponíveis a qualquer um, o tempo todo. A internet e todos os outros acessórios da tecnologia digital tornaram a comunicação global e instantânea. Logo, todo o conhecimento publicado tanto na ciência quanto na área de humanas estará a poucos cliques de distância de qualquer um.

Caso essa avaliação pareça um pouco exagerada (embora eu suspeite que não o seja, na verdade), vou dar um exemplo de um salto quântico em que tive a sorte de desempenhar um papel. Ocorreu na taxonomia, a classificação dos organismos, até recentemente uma disciplina conhecida como antiquada e lenta. Em 1735, Carlos Lineu, um naturalista sueco que aparece junto com Isaac Newton entre os cientistas mais conhecidos do século XVIII, deu início a um dos mais ambiciosos projetos de pesquisa de todos os tempos. Ele se propôs a descobrir todos os tipos de plantas e animais do planeta. Em 1759, para simplificar o processo, ele começou a dar a cada espécie um duplo nome latinizado, como *Canis familiaris* para o cão doméstico e *Acer rubrum* para o bordo vermelho norte-americano.

Lineu não tinha ideia, nem mesmo numa escala em potência de 10 (ou seja, se seriam 10 mil, 100 mil ou 1 milhão), da magnitude da tarefa a que havia se proposto. Ele imaginava que as espécies de plantas, sua especialidade, ficariam em torno de 10 mil. Ele desconhecia a riqueza das regiões tropicais. O número das espécies de plantas conhecidas e classificadas hoje é de 310 mil e estima-se que vá chegar a 350 mil. Quando se acrescentam animais e fungos, o número total de espécies atualmente conhecido excede 1,9 milhão — e estima-se que um dia chegue a 10 milhões ou mais. Das bactérias, a "matéria escura" da diversidade da vida, apenas cerca de 10 mil tipos são atualmente conhecidos (em

2013), mas o número está crescendo rapidamente e é provável que acrescente milhões de espécies ao rol global. Portanto, assim como no tempo de Lineu, 250 anos atrás, a maior parte da vida sobre a Terra permanece desconhecida.

O poço ainda profundo da ignorância sobre a biodiversidade é um problema não apenas para os especialistas, mas para todas as pessoas. Como vamos administrar o planeta e mantê-lo sustentável sabendo pouco sobre ele?

Até recentemente, a solução parecia não estar disponível. Cientistas que trabalhavam duro tinham conseguido acrescentar apenas 18 mil espécies novas a cada ano. Se essa taxa continuasse a mesma, seria preciso dois séculos ou mais para dar conta de toda a biodiversidade da Terra, um período quase tão longo como o que se passou desde a iniciativa de Lineu até hoje. Qual é a razão para que haja esse gargalo? Até recentemente o problema era tecnológico, e parecia insolúvel. Por motivos históricos, o grande volume de espécimes de referência e de literatura impressa sobre eles estava confinado a um número relativamente pequeno de museus, localizados em algumas poucas cidades da Europa Ocidental e da América do Norte. Para conduzir pesquisas básicas sobre taxonomia, era frequentemente preciso visitar esses lugares distantes. A única alternativa era fazer com que os espécimes e a literatura fossem enviados por correio, o que era sempre uma tarefa demorada e arriscada.

Na virada do XXI, os biólogos estavam procurando uma tecnologia que pudesse de algum modo resolver o problema. Em 2003, sugeri o que em retrospecto parece ser a solução óbvia: a criação de uma Enciclopédia da Vida on-line, que incluiria fotografias digitalizadas, de alta resolução, de espécimes de referência, com toda a informação sobre cada espécie, atualizada continuamente. Ela devia ser aberta, com novos verbetes sendo avaliados por "curadores" especializados em cada grupo de espécies, como as centopeias, os besouros e as coníferas. O projeto foi fundado em 2005 e, com o Censo da Vida Marinha que ocorria em paralelo, acelerou a taxonomia, assim como os ramos da biologia que dependem de classificação precisa. No momento em que escrevo, mais da metade das espécies conhecidas da Terra foram incorporadas. O conhecimento está disponível para qualquer um, a qualquer momento, em qualquer lugar, de graça, a um clique (<eol.org>).

Com avanços rápidos como esse ocorrendo no estudo da biodiversidade, com descobertas e mudanças de rumo tão impressionantes em todas as disciplinas, o futuro da revolução científica não pode ser previsto em nenhum ramo nem mesmo com uma década de antecedência. É claro, chegará um momento em que o crescimento exponencial da descoberta e do conhecimento cumulativo deve atingir um pico e se nivelar. Mas isso não terá importância para você. A revolução continuará por pelo menos a maior parte do século XXI, e durante esse período ela fará com que a condição humana se transforme em algo radicalmente diferente daquilo que é hoje. Disciplinas tradicionais de pesquisa passarão por metamorfoses e assumirão formas, pelos padrões de hoje, quase irreconhecíveis. No processo, darão origem a novos campos de pesquisa — tecnologia baseada em ciência, ciência baseada em tecnologia e indústria baseada em tecnologia e ciência. Finalmente, toda a ciência vai se amalgamar em um continuum de descrição e de explicação por meio do qual qualquer pessoa culta poderá viajar usando como orientação os princípios e as leis.

A introdução à ciência e às carreiras científicas que lhe apresentarei nesta série de cartas não tem nem a forma nem o tom tradicionais. Pretendo ser o mais pessoal possível, usando minhas experiências em pesquisa e no ensino para oferecer uma imagem realista dos desafios e das recompensas que você pode esperar ao dedicar sua vida à ciência.

I. O CAMINHO A SEGUIR

Símbolo do distintivo de honra para "Zoologia" em 1940. Boy Scout Handbook [Manual do escoteiro], Escoteiros dos Estados Unidos, 4ª edição.

1. Primeiro a paixão, depois os estudos

Acredito que vai ser mais fácil começar esta carta contando quem eu sou. Isso exige que você volte comigo ao verão de 1943, durante a Segunda Guerra Mundial. Eu tinha acabado de completar catorze anos, e minha cidade natal, a pequena Mobile, no Alabama, tinha sido em grande medida tomada pela construção de um estaleiro de guerra e de uma base aérea militar. Embora eu tenha algumas vezes pedalado minha bicicleta pelas ruas de Mobile como um potencial mensageiro de emergências, permaneci à margem dos grandes eventos que estavam ocorrendo na cidade e no mundo. Em vez de me ocupar disso, eu passava uma grande parte do meu tempo vago — quando eu não precisava estar na escola — tentando conquistar distintivos de honra na minha intenção de atingir a patente de Águia nos escoteiros dos Estados Unidos. O que eu mais fazia, no entanto, era explorar pântanos e florestas da vizinhança coletando formigas e borboletas. Em casa eu cuidava do meu zoológico de cobras e viúvas-negras.

Em função da guerra global, muito poucos garotos estavam disponíveis para trabalhar como conselheiros no Acampamento de Escoteiros de Pushmataha que se aproximava. Os recrutadores, tendo ouvido falar de minhas atividades extracurriculares, pediram para mim, imagino que por desespero, para servir de conselheiro de assuntos da natureza. Eu, é claro, fiquei extasiado com a perspectiva de uma experiência de acampar no verão fazendo mais ou menos aquilo que eu, de qualquer forma, mais queria fazer. Mas cheguei a Pushmataha lamentavelmente sem idade e preparo suficientes para quase qualquer coisa que não fossem formigas e borboletas. Eu estava nervoso. Será que os outros escoteiros, alguns mais velhos do que eu, ririam do que eu tinha para oferecer? Então tive uma inspiração: *cobras*. As cobras fazem com que a maior parte das pessoas fique ao mesmo tempo amedrontada, fascinada e interessada. Está nos genes. Eu não sabia naquela época, mas a costa do golfo do México é o lar da maior variedade de cobras da América do Norte, com mais de quarenta espécies. Assim, ao chegar pedi para outros meninos do acampamento me ajudarem a construir algumas jaulas feitas de caixas de madeira e telas de janela. Depois convidei todos os residentes do acampamento a participar comigo de uma caça às cobras que duraria o verão inteiro, sempre que o cronograma regular deles permitisse.

Depois disso, numa média de várias vezes por dia, surgia um grito de algum lugar da floresta: "Cobra! Cobra!". Todos os que ouviam corriam para o local, chamando os outros, enquanto eu, vaqueiro-mor-das-cobras, era avisado.

Se a cobra não era venenosa, eu simplesmente a pegava. Se fosse venenosa, eu primeiro usava um pedaço de madeira para pressionar contra o chão a parte logo atrás da cabeça dela, deslizava a madeira para a frente até que sua cabeça estivesse imóvel, depois a pegava pelo pescoço e a levantava. Então eu a identificava para o círculo de escoteiros que se formava e falava o pouco que sabia sobre a espécie (normalmente era muito pouco, mas eles sabiam menos). Então andávamos até o quartel-general para depositar o animal em uma jaula, onde ela moraria por uma semana, mais ou menos. Eu fazia palestras curtas no nosso zoológico, falava alguma coisa nova que havia aprendido sobre os insetos locais e sobre outros animais. (Eu tirava zero no quesito plantas.) O verão transcorreu de maneira agradável para mim e para meu pequeno exército.

A única coisa que poderia interromper essa carreira feliz era, obviamente, uma cobra. Mais tarde, descobri que todos os grandes especialistas em cobras, tanto os cientistas quanto os amadores, foram aparentemente mordidos pelo menos uma vez por uma cobra venenosa. Eu não seria uma exceção. Lá pela metade do verão, eu estava limpando uma jaula que continha várias cascavéis pigmeias, uma espécie venenosa mas não fatal. Uma se enrolou mais perto da minha mão do que eu havia percebido, subitamente se desenrolou e me atacou no dedo indicador esquerdo. Depois dos primeiros socorros em um consultório médico próximo ao acampamento, que na verdade já vieram tarde demais para serem úteis, fui mandado para casa para deixar em repouso minha mão e meu braço esquerdo inchados. Ao voltar para Pushmataha uma semana depois, fui instruído pelo diretor adulto do acampamento, assim como já havia sido por meus pais, a não pegar mais cobras venenosas.

No fim da estação, enquanto todos nos preparávamos para ir embora, o diretor fez uma pesquisa de popularidade. Os integrantes do acampamento, a maior parte dos quais havia trabalhado como meus assistentes na caça às cobras, me puseram em segundo lugar, logo atrás do conselheiro-chefe. Eu havia encontrado o trabalho da minha vida. Embora o objetivo não estivesse ainda claramente definido em minha cabeça de adolescente, eu seria um cientista — e professor.

Durante o ensino médio eu prestava muito pouca atenção às aulas. Graças ao sistema escolar relativamente pouco rigoroso no sul do Alabama durante a guerra, com professores sobrecarregados e distraídos, acabei me safando. Em um dia memorável no colégio Murphy de Mobile, capturei e matei, usando apenas as mãos, vinte moscas domésticas, depois as coloquei sobre a minha mesa para que a turma do próximo horário as encontrasse. No dia seguinte, a professora, uma jovem senhora bastante elegante, me deu os parabéns, mas ficou de olho em mim depois disso. Fico constrangido em dizer que isso é tudo que lembro do meu primeiro ano de ensino médio.

Cheguei à Universidade do Alabama pouco depois de meu aniversário de dezessete anos, sendo o primeiro membro de minha família de ambos os lados a frequentar uma faculdade. Nessa época eu havia passado das cobras para as moscas e formigas. Agora eu estava determinado a ser um entomologista e a trabalhar em campo tanto quanto possível, e para isso fazia esforço suficiente para tirar notas A. Eu não achava isso muito difícil (dizem que isso é *bem diferente* hoje em dia), mas absorvia tudo que estava disponível sobre química e biologia em níveis elementares e intermediários.

A Universidade Harvard foi igualmente tolerante quando cheguei lá como estudante de doutorado, em 1951. Eu era considerado um prodígio no campo da biologia e da entomologia, e pude corrigir as muitas falhas em biologia geral que os meus dias felizes no Alabama haviam deixado. A trajetória que construí em minha infância no sul e em Harvard me levou a ser contratado como professor assistente nessa universidade. Seguiram-se mais de seis décadas de trabalho frutífero nessa grande instituição.

Contei a minha história desde Pushmataha até Harvard não para recomendar meu tipo de excentricidade (embora sob as circunstâncias certas ela possa ser vantajosa); e desaconselho a minha abordagem casual nos primeiros anos de educação formal. Cresci em uma época diferente. Você, por outro lado, está em uma era bem distinta, em que as oportunidades são maiores, mas exigem mais.

    Minha confissão, pelo contrário, pretende ilustrar um princípio importante que vi ocorrer nas carreiras de muitos cientistas de sucesso. É bem simples: ponha a paixão na frente dos estudos. Descubra de algum modo aquilo que você mais quer fazer na ciência, na tecnologia ou em alguma outra profissão relacionada à ciência. Obedeça a essa paixão enquanto ela durar. Alimente-a com o conhecimento de que a mente precisa para se desenvolver. Dê uma estudada em outros temas, tenha uma formação geral em ciência e seja esperto o suficiente para ir atrás de outro grande amor se ele aparecer. Mas não fique só pulando de um curso de ciência para outro, esperando que um dia o amor chegue. Talvez chegue, mas não se arrisque. Como em outras escolhas importantes na sua vida, há muita coisa a perder. A decisão e o trabalho duro baseados em uma paixão duradoura nunca vão decepcionar você.

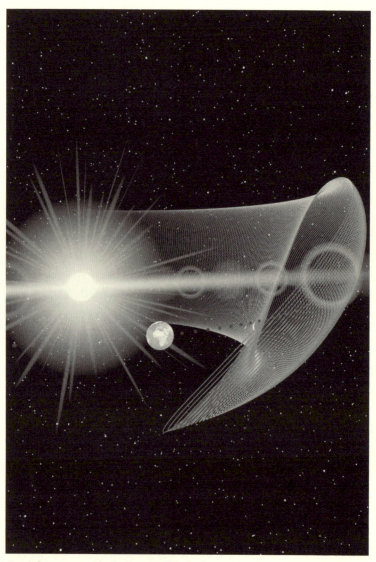

Caminho reconstruído do asteroide "Trojan" 2010 TK, durante 165 anos, visto de fora da órbita da Terra. Modificado a partir de desenho. © Paul Wiegert, Universidade de Western Ontario.

2. Matemática

Vou rapidamente adiante, e antes de tudo, passar a um tema que é tanto uma ferramenta fundamental quanto uma potencial barreira para sua carreira: a matemática, o grande pesadelo de muitos que desejam ser cientistas. Falo disso não para ser chato, mas para incentivar e ajudar. Minha intenção nesta carta é deixá-lo tranquilo. Se você já estiver bem preparado — vamos imaginar que você compreenda cálculo e geometria analítica —, se gosta de resolver problemas e acredita que logaritmos é um jeito bacana de expressar variáveis entre ordens de grandeza, que bom para você; sua capacidade é um alívio para mim. Não vou me preocupar tanto com você, pelo menos não por enquanto. Mas tenha em mente que uma formação sólida em matemática não garante — repito, não garante — sucesso na ciência. Voltarei mais tarde a essa objeção, portanto, por favor, fique atento. Na verdade, tenho muito mais a falar especificamente para os amantes da matemática.

Se, por outro lado, você não tem um conhecimento tão bom de matemática, ou mesmo se seu conhecimento for bem ruim, relaxe. Você nem de perto está sozinho na comunidade de cientistas, e eis aqui um segredo profissional para incentivá-lo: muitos dos cientistas mais bem-sucedidos hoje no mundo não são mais do que analfabetos funcionais em matemática. Uma metáfora esclarecerá o paradoxo dessa afirmação. Enquanto matemáticos de elite muitas vezes funcionam como arquitetos da teoria no crescente reino da ciência, a grande maioria dos outros cientistas, tanto nas ciências básicas como nas aplicadas, mapeia o terreno, explora a fronteira, abre caminhos e ergue os primeiros prédios ao longo da estrada. Eles definem os problemas que os matemáticos, na hora certa, podem ajudar a resolver. Eles pensam principalmente em imagens e fatos, e só marginalmente em matemática.

Você pode achar que estou sendo temerário, mas tenho tido o hábito de deixar de lado esse medo da matemática ao falar com cientistas em potencial. Durante minhas décadas de ensino de biologia em Harvard, eu via com tristeza como estudantes brilhantes no início do curso abandonavam a possibilidade de uma carreira científica, ou até mesmo aulas que não eram requisito para ciências, por causa do medo de fracassar na matemática que poderia ser exigida. Por que eu deveria me importar? Porque esses "matematicofóbicos" privam a ciência de uma quantidade incomensurável de talento desesperadamente necessário e privam as várias disciplinas científicas de seus jovens mais criativos. Isso é uma hemorragia de inteligência que precisamos estancar.

Agora lhe direi como aliviar suas angústias. Entenda que a matemática é uma linguagem, que assim como as linguagens verbais é governada por sua própria gramática e pelo seu sistema lógico. Qualquer pessoa com inteligência quantitativa média que aprenda a ler e escrever matemática em um nível elementar terá pouca dificuldade para compreender o discurso matemático.

Vou dar um exemplo sobre a interconexão entre imagens visuais e afirmações matemáticas simples. Escolhi mostrar o fundamento de duas disciplinas relativamente avançadas da biologia: a genética populacional e a ecologia populacional.

Pense sobre este fato interessante. Você tem (ou teve) dois pais, quatro avôs, oito bisavôs e dezesseis trisavôs. Em outras palavras, como cada pessoa precisa ter dois pais, o número de seus ancestrais duplica a cada geração. O resumo matemático é $N = 2^x$. O parâmetro N é o número dos ancestrais de uma pessoa voltando x gerações no tempo. Quantos ancestrais seus havia dez gerações atrás? Nós não precisamos colocar cada geração no papel. Em vez disso, podemos usar $N = 2^x = 2^{10}$, ou, dito de outra maneira, $2^{10} = N$. Portanto, a resposta é que, quando x = 10 gerações, você tem $N = 1024$ ancestrais. Agora inverta a cronologia para a frente e pergunte quantos descendentes você pode esperar ter daqui a dez gerações. A coisa fica muito mais complicada no caso de descendentes — não temos como saber quantos filhos teremos —, mas, para mostrar a ideia básica, faz sentido especificar, de um modo que os matemáticos frequentemente fazem, que cada casal terá dois filhos que sobreviverão e que o tamanho será constante ao longo das gerações. (Dois filhos em média não é muito distante da taxa real nos Estados Unidos hoje, que está perto do número 2,1, ou 21 filhos para cada dez casais, necessários para manter o tamanho da população de nativos constante.) Portanto, em dez gerações você terá 1024 descendentes.

O que você pode fazer com isso? Por um lado, é um retrato que faz ver com alguma humildade a origem e o destino dos genes de uma pessoa. O fato é que a reprodução sexual picota as combinações que determinam as características da pessoa e recombina metade delas com os genes de outra pessoa para produzir a próxima geração. Ao longo de bem poucas gerações, a combinação de cada ancestral se dissolve no agregado de genes da população como um todo. Imagine que você tem um ancestral famoso que lutou na Revolução Norte-Americana, num período em que aproximadamente 250 outros ancestrais seus viveram, incluindo possivelmente um ladrão de cavalos, ou dois, ou três. (Um de meus oito trisavôs, um veterano confederado da Guerra Civil, era um célebre e astuto negociador de cavalos, embora não exatamente um ladrão.)

Os matemáticos gostam de medir o crescimento exponencial contando apenas saltos de uma geração para a seguinte, principalmente para saber o tamanho de uma população grande em um dado momento do tempo (em determinada hora, em determinado minuto ou em um intervalo menor escolhido por eles). Isso é feito por meio de cálculo, que expressa o crescimento da população na forma $dN/dt = rN$, o que diz que, em qualquer intervalo muito pequeno de tempo (dt) a população está crescendo uma certa quantidade (dN) e que a taxa é o diferencial dN/dt. No caso de crescimento exponencial, N, o número de indivíduos na população no instante é multiplicado por r, uma constante que depende da natureza da população e das circunstâncias em que ela vive.

Você pode escolher qualquer N e r, e usar esses dois parâmetros enquanto quiser. Se o diferencial dN/dt for maior que zero e a população (digamos, de bactérias, de ratos ou de humanos) tem condições teóricas de crescer à mesma taxa indefinidamente, em uma quantidade surpreendentemente baixa de anos a população pesaria mais do que a Terra, do que o Sistema Solar, e por fim mais do que todo o universo conhecido.

É fácil produzir resultados fantásticos com uma teoria matematicamente correta. Há muitos modelos que se encaixam na realidade e produzem consequências factuais que nos levam a pensar de novas maneiras. Um modo famoso de pensar, derivado do crescimento exponencial do tipo que acabei de descrever, é o seguinte. Suponha que exista um lago e que se coloque um nenúfar nele. O primeiro nenúfar se desdobra em dois, e cada um desses dois também se duplica. Logo o lago estará cheio, e não há como as plantas continuarem a se duplicar ao fim de trinta dias. Quando o lago estará metade cheio? No vigésimo nono dia. Esse dado matemático básico, óbvio se usarmos a reflexão e o senso comum, é uma das muitas maneiras de enfatizar os riscos do crescimento populacional excessivo. Durante dois séculos a população humana vem dobrando, demorando algumas gerações para isso. A maior parte dos demógrafos e dos economistas concorda que uma população global de mais de 10 bilhões tornaria a sustentação do planeta muito difícil. Recentemente passamos de 7 bilhões. Quando a Terra ficou cheia pela metade? Décadas atrás, dizem os especialistas. A humanidade está correndo em direção à parede.

Quanto mais você demorar para se tornar pelo menos semialfabetizado em matemática, mais difícil será dominar a linguagem da matemática — novamente, o mesmo ocorre com as linguagens verbais. Mas isso pode ser feito, e em qualquer idade. Falo como uma autoridade no assunto, porque sou um caso extremo. Tendo passado meus anos antes da faculdade em escolas relativamente pobres do sul, não tive aulas de álgebra até meu primeiro ano na Universidade do Alabama. Meu tempo de estudante ocorreu no final da Depressão, e lá simplesmente não se ensinava álgebra. Finalmente consegui chegar ao cálculo quando tinha 32 anos de idade e era professor titular em Harvard, onde me sentia desconfortável participando de aulas com alunos de início de curso que tinham apenas um pouco mais da metade da minha idade. Alguns deles eram estudantes de uma aula de biologia evolucionária que eu lecionava. Engoli meu orgulho e aprendi cálculo.

Confesso, nunca fui mais do que um aluno nota C enquanto estava tentando recuperar o tempo perdido, mas me consolava em parte a descoberta de que o domínio superior da matemática é como a fluência em línguas estrangeiras. Eu poderia ter me tornado fluente com mais algum esforço e mais sessões falando com os nativos, mas, estando ocupado com trabalho de campo e pesquisa no laboratório, avancei apenas um pouco.

É provável que um verdadeiro dom em matemática seja parcialmente hereditário. Isso significa que a variação de habilidade dentro de um grupo se deve, em alguma medida mensurável, a diferenças genéticas entre os integrantes do grupo e não depende apenas do ambiente em que eles cresceram. Não há nada que você e eu possamos fazer com relação a diferenças hereditárias, mas é possível reduzir bastante a parte da variação devida ao ambiente simplesmente aumentando nossas habilidades com educação e treino. A matemática é conveniente porque pode ser aprendida de maneira autodidata.

Tendo chegado neste ponto, acredito que devo ir um pouco mais longe e explicar como aqueles que desejam ter fluência podem atingi-la. A prática permite que operações elementares (como, "Se $y = x + 2$, então $x = -2$") sejam recuperadas sem esforço da memória, de forma muito semelhante ao que ocorre com palavras e frases (como "recuperadas sem esforço da memória"). Portanto, do mesmo modo que frases verbais são quase inconscientemente organizadas em sentenças, e que as sentenças são organizadas em parágrafos, operações matemáticas podem ser organizadas de maneira fácil em sequências e estruturas cada vez mais complexas. É claro que o raciocínio matemático não é tão simples. Há, por exemplo, a formulação e as provas de teoremas, a exploração de séries e a invenção de novos modos de geometria. Mas, sem entrar nessas aventuras da matemática pura avançada, a linguagem dos matemáticos pode ser aprendida suficientemente bem para que se compreenda a maioria das afirmações matemáticas feitas em publicações científicas.

Fluência excepcional em matemática é exigida apenas em algumas poucas disciplinas. Física de partículas, astrofísica e teoria da informação me vêm à cabeça. Bem mais importante para o restante da ciência e para suas aplicações, contudo, é a capacidade de formar conceitos, quando o pesquisador transforma em imagens visuais, por intuição, as imagens e processos. É algo que todo mundo já faz em alguma medida no dia a dia.

    Use sua imaginação e pense que você é o grande físico do século XVIII Isaac Newton. Pense em um objeto caindo no espaço. (Na lenda, ele foi atraído por uma maçã caindo da árvore para o chão.) Pense no mesmo fato ocorrendo em uma altura maior, como um pacote sendo jogado de um avião. O objeto acelera a cerca de duzentos quilômetros por hora, depois mantém essa velocidade até alcançar o chão. Como você calcula essa aceleração até a velocidade final, mas não além dela? Usando as leis do movimento de Newton e contando com a existência da pressão do ar, do tipo usado para impulsionar um barco a vela.

    Continue pensando como Newton por mais um instante. Perceba, como ele fez, que a luz passando através de um vidro curvo às vezes sai na forma das cores de um arco-íris, sempre variando do vermelho para o amarelo, para o verde, para o azul, para o violeta. Newton pensava que a luz branca é apenas uma combinação das luzes coloridas. Ele provou isso passando a mesma variação de cores de volta através de um prisma, transformando novamente a mistura em luz branca. Os cientistas compreenderiam mais tarde, a partir de outros experimentos e da matemática, que as cores são radiações que se diferenciam em razão do comprimento de onda. Quanto mais somos capazes de ver ondas longas, mais se cria a sensação de vermelho, e quanto mais curtas elas são, maior a sensação de azul.

    Você provavelmente já sabia de tudo isso. Soubesse ou não, vamos falar de Darwin. Quando jovem, nos anos 1830, ele fez uma viagem de cinco anos em um barco do governo britânico, o *HMS Beagle*, contornando a costa da América do Sul. Ele usou esse longo período para explorar e pensar de maneira mais ampla e profunda sobre o mundo natural. Ele descobriu, por exemplo, vários fósseis, alguns de grandes animais extintos semelhantes a espécies modernas, como cavalos, tigres e rinocerontes — mas diferentes em muitos modos importantes de seus equivalentes modernos. Eles teriam sido apenas vítimas que Noé não conseguiu salvar do dilúvio bíblico? Mas não podia ser isso, Darwin deve ter percebido; Noé salvou todos os tipos de animais. As espécies sul-americanas obviamente não estavam entre elas.

À medida que o jovem naturalista ia de uma parte do continente para outra, ele percebeu uma coisa: alguns tipos de aves vivas e de outros animais encontrados em diferentes localidades eram substituídos por outros bastante semelhantes mas um pouco diferentes em outro local. "O que está acontecendo aqui?", Darwin deve ter pensado. Hoje nós sabemos que foi a evolução, mas essa resposta não estava disponível para o rapaz. Qualquer coisa que contradissesse tão abertamente a Sagrada Escritura era considerada heresia em sua terra natal, a Inglaterra, e Darwin havia sido educado na Universidade de Cambridge para ser sacerdote.

Quando finalmente aceitou a evolução, durante a viagem de volta para casa, ele logo começou a pensar sobre as *causas* da evolução. Era uma orientação divina? Não parecia. A herança de mudanças causadas diretamente pelo ambiente, como sugerido antes pelo zoólogo francês Jean-Baptiste Lamarck? Outros já haviam rejeitado aquela teoria. Que tal uma mudança progressiva ocorrida na hereditariedade dos organismos, que vai passando de uma geração para a outra? Era difícil imaginar que fosse assim, e em todo caso Darwin logo estaria imaginando outro processo, a seleção natural, na qual variedades dentro de uma espécie — variedades que vivem mais tempo, que se reproduzem mais, ou ambas as coisas — substituem outras que têm menos sucesso na mesma espécie.

A ideia e a lógica que a sustentava ocorreram a Darwin aos poucos, enquanto ele perambulava por sua casa no campo, sentado em uma carruagem, ou, em um caso importante, sentado em seu jardim olhando para um formigueiro. Darwin admitiu mais tarde que, se ele não conseguisse explicar como formigas estéreis e operárias passavam adiante sua anatomia e seu comportamento de operárias para gerações seguintes de formigas estéreis e operárias, ele poderia ter tido de abandonar sua teoria da evolução. Ele concebeu a seguinte solução: as características das operárias são passadas pela rainha-mãe; as operárias têm a mesma herança genética que a rainha, mas são criadas em um ambiente diferente, esterilizador. Um dia, durante essa elucubração, quando a empregada o viu observando um formigueiro no jardim, ela se referiu a um romancista famoso e prolífico que vivia ali perto, ao dizer (segundo se conta): "Que pena, o sr. Darwin não tem algo para passar o tempo, como o sr. Thackeray".

Todo mundo sonha acordado às vezes, como um cientista, de alguma forma. Fantasias elaboradas com disciplina são a grande fonte de todo o pensamento criativo. Newton sonhava, Darwin sonhava, você sonha. As imagens evocadas são a princípio vagas. Elas podem variar de formato e surgir ou desaparecer. Elas se tornam um pouco mais sólidas quando desenhadas em diagramas em blocos ou folhas de papel, e ganham vida à medida que se buscam e se encontram exemplos reais.

Pioneiros na ciência só raramente fazem descobertas tirando ideias da matemática pura. A maior parte das fotografias estereotipadas de cientistas estudando linhas de equações escritas em quadros-negros é de professores explicando descobertas que já foram feitas. O verdadeiro progresso vem tomando notas em campo, no escritório ao lado de uma lixeira cheia de papel rabiscado, no corredor lutando para explicar algo a um amigo, na hora do almoço, comendo sozinho, ou andando em um jardim. Ter um "momento heureca" exige trabalho pesado. E foco. Um pesquisador famoso certa vez comentou comigo que um verdadeiro cientista é alguém que consegue pensar sobre um tema enquanto está falando com seu cônjuge sobre alguma outra coisa.

As ideias na ciência surgem mais prontamente quando alguma parte do mundo é estudada em si mesma. Elas vêm como resultado de conhecimento completo, bem organizado de tudo que se sabe ou que se pode imaginar sobre entidades e processos reais sobre aquele fragmento da existência. Quando algo novo é encontrado, os passos seguintes normalmente exigem o uso de métodos matemáticos e estatísticos para levar a análise adiante. Se esse passo prova ser tecnicamente muito difícil para a pessoa que fez a descoberta, pode-se acrescentar um matemático ou um estatístico como colaborador. Como pesquisador que já foi coautor de muitos artigos com matemáticos e estatísticos, apresento com confiança o seguinte princípio. Vamos chamá-lo de Princípio nº 1:

> É bem mais fácil que cientistas obtenham a colaboração necessária de matemáticos e de estatísticos do que matemáticos e estatísticos encontrarem cientistas capazes de fazer uso de suas equações.

Por exemplo, quando me juntei, no final dos anos 1970, ao matemático teórico George Oster para trabalhar nos princípios de castas e de divisão de trabalho nos insetos sociais, forneci os detalhes do que havia sido descoberto na natureza e no laboratório. Oster então desenvolveu métodos, a partir de seus diversos kits de ferramentas, para criar teoremas e hipóteses referentes a esse mundo real posto diante dele. Sem essas informações, Oster podia ter desenvolvido uma teoria geral em termos abstratos que cobrisse todas as permutações possíveis de castas e de divisão de trabalho no universo, mas não teria como deduzir quais entre essa miríade de opções que existem sobre a Terra.

Essa diferença de papéis entre a observação e a matemática é especialmente verdadeira no caso da biologia, em que os fatores dos fenômenos da vida real muitas vezes ou são mal compreendidos ou passam até mesmo despercebidos. Os anais da biologia teórica estão cheios de modelos matemáticos que podem ser seguramente ignorados ou que, ao ser testados, falham. Não mais do que 10%, provavelmente, têm algum valor duradouro. Apenas os modelos intimamente relacionados com sistemas vivos reais têm boa chance de ser usados.

Se o seu nível de competência matemática é baixo, planeje aumentá-lo, mas enquanto isso saiba que você pode realizar trabalhos extraordinários com o que já tem. Isso é especialmente verdadeiro em campos que dependem em grande medida de acumulação de dados, incluindo, por exemplo, a taxonomia, a ecologia, a biogeografia, a geologia e a arqueologia. Ao mesmo tempo, pense duas vezes sobre se especializar em campos que exigem que você alterne sempre experimentos e análise quantitativa. Entre eles está a maior parte da física e da química, assim como algumas especialidades da biologia molecular. Aprenda o básico para melhorar a sua capacidade matemática enquanto você segue adiante, mas, se você continuar sendo fraco em matemática, busque a felicidade em outro lugar entre as múltiplas variedades das especialidades científicas. Por outro lado, se quebra-cabeças e análise matemática dão prazer a você, mas não a acumulação de dados em si, fique longe da taxonomia e de outras disciplinas mais descritivas já mencionadas.

Newton, por exemplo, inventou o cálculo para dar substância à sua imaginação. Darwin admitia ter pouca ou nenhuma habilidade matemática, mas era hábil com massas de informações que acumulava para conceber um processo ao qual a matemática foi aplicada mais tarde. Um passo importante que você deve dar é encontrar um tema que se ajuste a seu nível de competência matemática e que também o interesse muito, e então se concentrar nele. Ao fazer isso, tenha em mente o Princípio nº 2:

> Para cada cientista, seja pesquisador, tecnólogo ou professor, de qualquer nível de competência matemática, existe uma disciplina na ciência para a qual esse nível de competência matemática é suficiente para atingir a excelência.

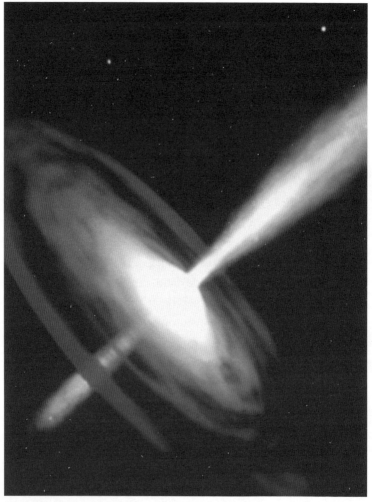

Um jato relativista formado quando gás e estrelas caem em um buraco negro; concepção do artista. Modificado a partir de pintura de Dana Berry/ Instituto de Ciência do Telescópio Espacial (STScI). Disponível em: <http://hubblesite.org/newscenter/archive/releases/1990/29/image/a/warn/>.

3. O caminho a seguir

O objetivo desta carta é ajudar a orientá-lo entre seus colegas. Quando eu tinha dezesseis anos de idade e estava no último ano do ensino médio, decidi que era chegada a hora de escolher um grupo de animais em que eu me especializaria quando fosse para a universidade, no outono seguinte. Pensava nas moscas de asas pontiagudas da família taxonômica dos Dolichopodidae, cujos pequenos corpos brilham como pedras preciosas vivas sob o sol. Mas eu não conseguia obter o equipamento adequado nem os livros para estudá-las. Por isso passei para as formigas. Por pura sorte, foi a escolha certa.

Chegando à Universidade do Alabama, em Tuscaloosa, com minha coleção de iniciante de formigas bem preparada e identificada, eu me dirigi aos professores da faculdade para começar meu primeiro ano de pesquisa. Talvez encantados com minha ingenuidade, ou talvez reconhecendo um embrião de acadêmico ao verem um, ou ambas as coisas, eles me receberam bem, e eu ganhei uma lâmina de microscópio e meu próprio lugar no laboratório. Esse apoio, somado a meu sucesso anterior como conselheiro de assuntos da natureza no Acampamento Pushmataha, aumentou minha confiança de que havia encontrado o tema certo e estava na universidade certa.

Minha boa sorte vinha de uma fonte totalmente diferente, no entanto. Em primeiro lugar, vinha da opção pelas formigas. Essas pequenas guerreiras de seis patas são as mais abundantes entre todos os insetos. Assim, elas têm papéis importantes em ambientes terrestres em todo o mundo. Igualmente importante para a ciência, as formigas, com os cupins e as abelhas, têm os sistemas sociais mais avançados entre todos os animais. No entanto, surpreendentemente, na época em que entrei na faculdade apenas uns doze cientistas em todo o mundo estavam envolvidos em tempo integral no estudo das formigas. Eu tinha achado ouro antes de a corrida começar. Quase todo projeto de pesquisa que comecei depois disso, não importa quão pouco sofisticado fosse (e todos eram pouco sofisticados), rendia descobertas publicáveis em revistas científicas.

O que a minha história significa para você? Muito. Acredito que outros cientistas experientes concordariam comigo que, quando você está escolhendo uma área de conhecimento para fazer pesquisas originais, é inteligente procurar terreno pouco habitado. Julgue as oportunidades pelo pequeno número de estudantes e pesquisadores que há em uma área quando comparada a outras. Isso não significa negar a exigência essencial de uma aprendizagem rigorosa, ou o valor do aprendizado que você tem com outros pesquisadores e com programas de alta qualidade. Ou que também ajuda a ter muitos amigos e colegas de sua idade na ciência para que uns ajudem os outros.

No entanto, apesar disso tudo, eu o aconselho a procurar uma oportunidade de escapar, de encontrar um tema em que você possa produzir por conta própria. É aí que há maior probabilidade de avanços rápidos, quando isso se mede pelo número de descobertas por investigador por ano. Ali você tem a melhor oportunidade de se tornar um líder e de, à medida que o tempo passa, ganhar liberdade cada vez maior de definir o seu caminho.

Se um tema já está ganhando muita atenção, se já tem uma aura de glamour, se os profissionais da área recebem prêmios que oferecem bolsas de grande valor, fique longe dele. Fique atento às notícias do burburinho do dia a dia, saiba qual tema se tornou proeminente e por quê, mas ao fazer seus planos de longo prazo esteja atento para ver se a área já não está cheia de gente talentosa. Você seria um neófito, um recruta entre primeiros sargentos condecorados e generais. Em vez disso, escolha um tema que lhe interesse e que pareça promissor, e onde ainda não haja experts visivelmente competindo uns com os outros, onde ainda sejam raros ou nulos os prêmios e as filiações a academias, e onde os anais de pesquisa ainda não estejam recobertos de dados supérfluos e de modelos matemáticos. Você pode se sentir solitário e inseguro em seus primeiros trabalhos, mas, tudo o mais sendo igual, a sua melhor chance de deixar sua marca e de experimentar o gosto da descoberta estará lá.

Você deve ter ouvido a regra militar para reunir as tropas no campo de batalha: "Marche em direção ao som das armas". Na ciência, o oposto vale para você, como expressa o Princípio nº 3:

> Marche para longe do som das armas. Observe o combate à distância e, enquanto estiver nele, pense em lutar o seu próprio combate.

Quando tiver escolhido um tema que possa amar, seu potencial de êxito será bastante aumentado se você estudá-lo o suficiente para se tornar um expert de nível mundial. Esse objetivo não é tão difícil quanto possa parecer, mesmo para um estudante de graduação. Não é ambicioso demais. Existem milhares de temas na ciência, espalhados entre a física, a química, a biologia e as ciências sociais, onde é possível em um curto período obter o status de autoridade. Se o campo ainda é pouco povoado, você pode até mesmo, com diligência e trabalho duro, se tornar, ainda muito jovem, *a* autoridade mundial. A sociedade precisa desse nível de conhecimento e recompensa o tipo de pessoa disposta a obtê-lo.

A informação já existente, e que você mesmo descobrir, pode de início ser modesta e de difícil ligação com outros campos de conhecimento. Se for esse o caso, isso é muito bom. Por que o caminho para uma fronteira científica deveria ser normalmente difícil, e não mais fácil? A resposta está formulada no Princípio nº 4:

> Na busca por descobertas científicas, cada problema é uma oportunidade. Quanto mais difícil o problema, maior a importância de sua solução.

A verdade dessa sabedoria de manual pode ser vista mais claramente em casos extremos. O sequenciamento do genoma humano, a busca por vida em Marte e a descoberta do bóson de Higgs foram cada um de tremenda importância para a medicina, a biologia e a física, respectivamente. Cada um deles exigiu o trabalho de milhares de pessoas e custou bilhões. Cada um valeu o trabalho e o dinheiro investidos. Mas, em uma escala bem menor, em campos e em temas menos avançados, uma pequena equipe de pesquisadores, até mesmo uma única pessoa, pode com esforço desenvolver um experimento importante a um custo relativamente baixo.

Isso me leva a falar dos modos pelos quais os problemas científicos são encontrados e como as descobertas são feitas. Cientistas, entre eles matemáticos, seguem um entre dois caminhos. Primeiro, logo no início da pesquisa identifica-se um problema, e então busca-se uma solução. O problema pode ser relativamente pequeno (por exemplo, qual é a vida média de um crocodilo do Nilo?) ou grande (qual é o papel da matéria negra no universo?). Quando surge uma resposta, tipicamente outros fenômenos são descobertos, e surgem outras questões. A segunda estratégia é estudar um tema de maneira ampla e, enquanto isso, procurar quaisquer fenômenos anteriormente desconhecidos ou até mesmo nunca imaginados. As duas estratégias de pesquisa científica original são formuladas com o Princípio nº 5:

> Para cada problema em uma dada disciplina da ciência, existe uma espécie, outra entidade ou fenômeno ideal para sua solução. (Exemplo: um tipo de molusco, a lebre-do-mar *Aplysia*, revelou-se ideal para explorar a base celular da memória.)
> Inversamente, para cada espécie, outra entidade ou fenômeno, existem problemas importantes para cuja solução eles são ideais. (Exemplo: morcegos foram a escolha lógica para a descoberta do sonar.)

Obviamente, ambas as estratégias podem ser seguidas, juntas ou em sequência, mas em grande medida os cientistas que usam a primeira estratégia são solucionadores instintivos de problemas. Eles têm tendência e gosto e talento para selecionar um tipo particular de organismo, composto químico, partícula elementar ou processo físico, para responder perguntas sobre suas propriedades e seus papéis na natureza. Essa é a atividade de pesquisa predominante nas ciências físicas e na biologia molecular.

O exemplo a seguir é um cenário fictício da primeira estratégia, mas, eu garanto, é bem semelhante a dramas reais que ocorrem em laboratórios:

> Pense em um pequeno grupo de homens e mulheres de jaleco branco em um laboratório — no início de uma tarde, digamos —

observando os dados de um monitor digital. Naquela manhã, antes de montar o experimento, eles estavam em uma sala de reuniões ao lado, trocando ideias, revezando-se de vez em quando no quadro-negro para dizer algo. Numa pausa para o café, o almoço e entre algumas piadas, eles decidiram tentar isso ou aquilo. Se os dados obtidos forem os esperados, será bastante interessante, uma verdadeira pista. "Seria aquilo que estamos procurando", disse o líder da equipe. E é! O tema da pesquisa é o papel de um novo hormônio no corpo dos mamíferos. Primeiro, porém, o líder da equipe diz: "Vamos abrir um champanhe. Hoje à noite, vamos jantar em um restaurante decente e começar a falar sobre os próximos passos".

Na biologia, a primeira estratégia para solução de problemas (para cada problema, um organismo ideal) tem resultado em uma grande ênfase em várias dezenas de "espécies modelo". Quando, nos seus estudos, for aprender sobre a base molecular da hereditariedade, você aprenderá muita coisa que veio de uma bactéria que vive nos intestinos humanos, *E. coli* (forma condensada de seu nome científico completo, *Escherichia coli*). Para o estudo da organização das células no sistema nervoso, a inspiração vem do nematelminto *C. elegans* (*Caenorhabditis elegans*). E no caso da genética e do desenvolvimento do embrião, você vai conhecer as moscas de frutas do icônico gênero *Drosophila*. É assim, claro, que as coisas deviam ser. É melhor saber uma coisa profundamente do que uma dúzia de coisas superficialmente.

Ainda assim, tenha em mente que nas próximas décadas haverá no máximo algumas poucas centenas de espécies modelos, dentre as cerca de 2 milhões de outras espécies conhecidas pela ciência por pouco mais que um breve diagnóstico e um nome latinizado. Embora essa multidão de espécies tenda a ter a maior parte dos processos básicos iguais aos descobertos nas espécies modelo, elas revelam uma imensa gama de características idiossincráticas na anatomia, na fisiologia e no comportamento. Pense, rapidamente, primeiro no vírus da varíola e em tudo o que você sabe sobre ele. Então faça o mesmo com a ameba, o bordo, a baleia-azul, a borboleta-monarca, o tubarão-tigre e o ser humano. A questão é que cada uma dessas espécies é um mundo em si, com uma biologia única e um lugar no ecossistema e, não menos importante, uma história evolucionária de milhares a milhões de anos.

Quando um biólogo estuda um grupo de espécies, desde, digamos, elefantes com três espécies vivas até formigas com 14 mil espécies, ele tem tipicamente como objetivo aprender tudo que for possível sobre uma grande variedade de fenômenos biológicos. A maior parte dos pesquisadores que trabalham dessa forma, seguindo a segunda estratégia de pesquisa, é adequadamente chamada de naturalistas científicos. Eles amam os organismos que estudam por si mesmos. Eles gostam de estudar as criaturas em campo, em condições naturais. Eles lhe dirão, corretamente, que existem infinitos detalhes e infinita beleza até mesmo naquilo que as pessoas inicialmente consideram menos atraente — fungos encontrados no lodo, por exemplo, besouros que vivem no estrume, aranhas e víboras. A alegria deles está em encontrar algo novo, e quanto mais surpreendente, melhor. Eles são ecologistas, taxonomistas e biogeógrafos. Eis um cenário do tipo que eu mesmo vivenciei tantas vezes:

> Imagine dois biólogos caçando em uma floresta tropical, levando equipamentos pesados de coleta, com um guia de campo on-line esperando em um acampamento e com análise de DNA em um laboratório de onde eles saíram. "Meu Deus, o que é isso?", diz um deles, apontando para um animal brilhantemente colorido, pequeno e de formato estranho paralisado debaixo de uma folha de palmeira. "Acho que é uma rã selvagem", responde o companheiro dele. "Não, não, espere, eu nunca vi nada igual. Deve ser algo novo.

Que diabo é isso? Veja, chegue mais perto, e tome cuidado, não perca ele de vista. Ali, viu? Não vamos preservar esse ainda. Nunca se sabe, pode ser uma espécie em risco. Vamos levá-lo vivo de volta para o acampamento e ver o que podemos encontrar no site da Enciclopédia da Vida. Tem aquele cara em Cornell, ele conhece muito todos os anfíbios desse tipo, eu acho. Podemos verificar com ele. Mas antes precisamos procurar em volta mais espécimes, conseguir toda a informação que for possível." A dupla volta para o acampamento e começa a reunir informações. O que eles descobrem é impressionante. Parece que a rã é um gênero novo, sem relação com qualquer outro conhecido previamente. Mal acreditando, os dois vão à internet e contam sobre a descoberta para outros especialistas ao redor do planeta.

Os caminhos potenciais que você pode seguir em uma carreira científica são muitos. Sua escolha pode levá-lo a um dos cenários que eu descrevi, ou não. O tema que serve para você, assim como no amor verdadeiro, é aquele pelo qual você se interessa e que provoca paixão e promete prazer durante uma vida de dedicação.

II. O PROCESSO CRIATIVO

Charles Darwin aos 31 anos. Modificado a partir de pintura de George Richmond.

4. O que é a ciência?

O que é esse grande empreendimento chamado *ciência*, que iluminou céus e terras e deu poder à humanidade? Ele é o conhecimento organizado e verificável do mundo real, de tudo o que nos cerca assim como de nós mesmos, em oposição às infinitas e variadas crenças que as pessoas têm e que vão do mito à superstição. É a combinação de operações psicológicas e mentais que se tornaram cada vez mais o hábito de pessoas educadas, uma cultura de luzes dedicada ao modo mais eficaz já concebido de obter conhecimento factual.

Você deve ter ouvido as palavras "fato", "hipótese" e "teoria" usadas constantemente na condução de pesquisa científica. Quando separadas da experiência e usadas como ideias abstratas, elas são facilmente mal compreendidas e mal aplicadas. É apenas em histórias de pesquisa, de outras pessoas e logo nas suas próprias, que elas ganham um sentido claro.

Vou dar um exemplo da minha própria pesquisa para mostrar o que quero dizer. Eu comecei com uma observação simples: as formigas removiam seus mortos dos ninhos. As formigas de algumas espécies apenas jogam os cadáveres aleatoriamente em algum local externo, enquanto as de outras os empilham em locais de refugo que podem ser chamados de "cemitérios". O problema que eu via nesse comportamento era simples, mas interessante: como uma formiga sabe quando outra formiga está morta? Era óbvio para mim que o reconhecimento não era visual. As formigas reconhecem um cadáver mesmo na absoluta escuridão do subsolo nas câmaras do formigueiro. Além disso, quando o corpo está fresco e em um ambiente iluminado, e mesmo quando está deitado de costas com as pernas para o ar, outras formigas o ignoram. Apenas após um ou dois dias de decomposição um corpo se torna um cadáver do ponto de vista de outra formiga. Eu supus (estabeleci uma hipótese) que as formigas coveiras estavam usando o odor da decomposição para reconhecer a morte. Supus ainda que era provável (segunda hipótese) que a resposta delas era ativada por apenas algumas das substâncias exaladas pelo cadáver. A inspiração para a segunda hipótese foi um princípio estabelecido da evolução: animais com cérebros pequenos, que são a vasta maioria dos animais do planeta, tendem a usar o mais simples conjunto disponível de pistas para guiá-los em suas vidas. Um cadáver oferece dezenas ou centenas de pistas químicas que poderiam ser escolhidas. Seres humanos podem escolher entre esses componentes. Mas as formigas, com cérebros que têm um milionésimo do tamanho do nosso, não podem.

Portanto, se as hipóteses forem verdadeiras, quais dessas substâncias podem ativar a resposta das coveiras — todas elas, algumas ou nenhuma? Consegui amostras puras com fornecedores químicos de várias substâncias de decomposição, incluindo escatol, a essência das fezes; trimetilamina, o odor dominante do peixe em decomposição; e vários ácidos graxos e seus ésteres de um tipo encontrado em insetos mortos. Durante um tempo, meu laboratório cheirou a uma combinação de cemitério e esgoto. Coloquei minúsculas quantidades em corpos falsos de formigas feitos de papel e os inseri nas colônias de formigas. Depois de várias tentativas fedidas e erros, descobri que o ácido oleico e um dos seus oleatos ativavam a resposta. As outras substâncias ou eram ignoradas ou causavam alarme.

Para repetir o experimento de outra forma (e admito que para minha diversão e dos outros), borrifei pequenas quantidades de ácido oleico em corpos de formigas operárias vivas. Será que elas se tornariam mortas-vivas? Certamente, elas se tornaram zumbis, pelo menos numa definição ampla. Elas eram carregadas pelas colegas de formigueiro, esperneando, levadas para o cemitério e deixadas lá. Depois de se limparem um pouco, elas tinham permissão de voltar para a colônia.

Depois tive outra ideia: insetos de todos os tipos que se alimentam de matéria em decomposição, como moscas-varejeiras e escaravelhos, encontram o caminho para os animais mortos ou para as fezes seguindo o odor. E fazem isso usando um número muito pequeno de componentes químicos presentes na decomposição. Uma generalização desse tipo, aplicada de maneira ampla, com pelo menos alguns fatos aqui e ali e algum raciocínio lógico como base, é uma teoria. Seriam necessários muito mais experimentos, aplicados a outras espécies, para transformar isso no que poderia ser chamado sem medo de um fato.

O que, então, grosso modo, é o método científico? O método começa com a descoberta de um fenômeno, como um comportamento misterioso de uma formiga, ou uma classe anteriormente desconhecida de compostos orgânicos, ou um gênero de planta recém-descoberto, ou uma misteriosa corrente de água no fundo do oceano. O cientista pergunta: qual é a natureza plena desse fenômeno? Quais são suas causas, sua origem, sua consequência? Cada uma dessas questões impõe um problema dentro do âmbito da ciência. Como os cientistas atuam para encontrar uma solução? Sempre há pistas, e a partir delas rapidamente se formam opiniões referentes às soluções. Essas opiniões, que podem ser apenas suposições lógicas, são as hipóteses. É prudente de início considerar o maior número possível de soluções, depois testá-las, uma por vez ou em grupos, eliminando todas menos uma. Isso é chamado de método das múltiplas hipóteses de trabalho. Se algo semelhante a essa análise não for seguido — e, francamente, muitas vezes isso ocorre —, cientistas individualmente tendem a se fixar em uma ou outra alternativa, especialmente se essa alternativa for de sua autoria. Afinal de contas, cientistas são seres humanos.

É raro que uma investigação inicial resulte em uma definição clara de todas as hipóteses concorrentes possíveis. Esse é particularmente o caso na biologia, em que a regra é a existência de múltiplos fatores. Alguns fatores permanecem sem ser descobertos, e os que foram descobertos normalmente se sobrepõem e interagem uns com os outros e com forças no ambiente de modos difíceis de detectar e medir. O exemplo clássico na medicina é o câncer. O exemplo clássico na ecologia é a estabilização de ecossistemas.

Por isso, cientistas fazem o melhor que podem, intuindo, supondo, ajustando, obtendo mais informações ao longo do caminho. Eles persistem até que se possa reunir explicações coerentes e que surja um consenso, algumas vezes rápido mas em outras apenas depois de um longo período.

Quando um fenômeno tem propriedades invariáveis sob condições claramente definidas, nesse caso, e só nesse caso, uma explicação científica pode ser declarada um fato científico. O reconhecimento de que o hidrogênio é um dos elementos, incapaz de ser dividido em outras substâncias, é um fato. Que o excesso de mercúrio na dieta causa uma ou outra doença pode, depois de serem realizados estudos suficientes, ser declarado um fato. Pode-se crer que o mercúrio cause toda uma classe de doenças similares, devido a uma ou duas reações químicas conhecidas nas células do corpo. Essa ideia pode ou não ser confirmada por outros estudos sobre doenças que, acredita-se, podem ser afetadas dessa maneira pelo mercúrio. Enquanto isso, no entanto, até que a pesquisa esteja completa, a ideia é uma teoria. Se a teoria acabar se revelando errada, isso não significa necessariamente que ela era de todo má. Pelo menos ela terá estimulado novas pesquisas, o que leva a novos conhecimentos. É por isso que muitas teorias, mesmo quando fracassam, são chamadas de "heurísticas" — elas são boas para a promoção de descobertas. Incidentalmente, a origem da palavra "heureca" — "eu encontrei!" — vem da lenda do cientista grego Arquimedes, que, enquanto estava sentado em um banho público, imaginou um modo de medir a densidade de um objeto independentemente de sua forma. Coloque-o na água, meça o seu volume pelo nível de água que se eleva e seu peso pela velocidade com que ele afunda na água. A densidade é o peso dividido pelo volume. Arquimedes, diz-se, teria saído do banho, correndo pelas ruas, felizmente de roupão, gritando: "Heureca!". Especificamente, ele tinha descoberto um modo de determinar se uma coroa era de ouro puro. A substância pura tem uma densidade mais alta que o ouro misturado com a prata, o menos nobre dos dois metais. Mas, o que é mais importante, Arquimedes descobriu um modo de medir a densidade de qualquer sólido independentemente de sua forma ou composição.

Agora pense em um exemplo muito mais relevante do método científico. É comum que se diga, desde a publicação de *A origem das espécies*, de Charles Darwin, em 1859, que a evolução das formas de vida é apenas uma teoria, não um fato. O que já se podia dizer na época de Darwin a partir das evidências, no entanto, é que a evolução é um fato, que ocorreu pelo menos em alguns tipos de organismos durante parte do tempo. Hoje a evidência da evolução está documentada de maneira tão convincente em tantos tipos de plantas, fungos, animais e microrganismos, e em uma gama tão grande de características hereditárias, provenientes de todos os campos da biologia, todas se interconectando em suas explicações e sem exceção conhecida, que a evolução pode ser chamada com confiança de um fato. Na época de Darwin, a ideia de que a espécie humana descendia de ancestrais primatas era uma hipótese. Com a grande quantidade de evidências obtidas a partir de fósseis e de material genético como base, hoje isso pode ser chamado de fato. O que permanece como teoria é a ideia de que a evolução ocorre universalmente por meio de seleção natural, a sobrevivência diferencial e a reprodução exitosa de algumas combinações de características hereditárias em relação a outras em populações que se reproduzem. Essa proposição tem sido testada tantas vezes de tantas formas que hoje também está perto de merecer o reconhecimento de fato estabelecido. A consequência disso foi e é de enorme importância para a biologia.

Quando se observa um processo bem definido, coerente e preciso, como o fluxo de íons em um campo magnético, um corpo se movendo no vácuo e o volume de um gás mudando de acordo com a temperatura, o comportamento pode ser medido com precisão e matematicamente definido como uma lei. As leis podem ser procuradas com maior confiança na física e na química, onde podem ser facilmente estendidas e aprofundadas por meio de raciocínio matemático. A biologia também tem leis?

Eu fui corajoso o suficiente em anos recentes para sugerir que sim, a biologia é regida por duas leis. A primeira é que todas as entidades e processos da vida obedecem às leis da física e da química. Embora os próprios biólogos raramente falem da conexão, pelo menos não desse modo, aqueles que trabalham no nível da molécula e da célula acreditam que isso seja verdade. Nenhum cientista de meu conhecimento acredita ser válido procurar por aquilo que costumava ser chamado de elã vital, uma força física ou energia que exista unicamente nos organismos vivos.

A segunda lei da biologia, mais incerta do que a primeira, é de que toda evolução que ultrapasse pequenas perturbações aleatórias devidas a altas taxas de mutação e a flutuações aleatórias no número de genes concorrentes deve-se à seleção natural. Uma fonte da grande força da ciência são as conexões feitas de vários modos não apenas *dentro* da física, da química e da biologia, mas também *entre* essas disciplinas primárias. Uma enorme questão permanece em aberto na ciência e na filosofia. É a seguinte: é possível que essa consiliência — as conexões feitas entre campos de conhecimento bastante separados — possa ser estendida às ciências sociais e humanas, incluindo até mesmo as artes criativas? Eu penso que podem, e acredito ainda que a tentativa de fazer essas ligações será uma parte essencial da vida intelectual no restante do século XXI.

Por que eu e outros pensamos dessa maneira controversa? Porque a ciência é a fonte da civilização moderna. Ela não é apenas "outro tipo de pensamento", a ser equacionado com a religião e com a meditação transcendental. Ela não tira nada do gênio das ciências humanas, nem mesmo das artes criativas. Em vez disso, oferece caminhos a serem somados a seu conteúdo. O método científico tem sido consistentemente melhor do que as crenças religiosas para explicar a origem e o significado da humanidade. As histórias da criação de religiões institucionalizadas, como a ciência, propõem-se a explicar a origem do mundo, o conteúdo da esfera celeste e até mesmo a natureza do tempo e do espaço. Esses relatos míticos, baseados em grande parte nos sonhos e nas epifanias de antigos profetas, variam de uma crença religiosa para outra. Eles são coloridos e dão conforto às mentes dos crentes, mas cada um contradiz todos os demais. E quando testados no mundo real, eles até hoje se mostraram errados, sempre errados.

A falha das histórias da criação é mais um indício de que os mistérios do universo e da mente humana não podem ser resolvidos apenas pela intuição. Apenas o método científico libertou a humanidade do estreito mundo sensorial transmitido pelos nossos ancestrais pré-humanos. Houve um tempo em que os homens acreditavam que a luz lhes permitia ver tudo. Hoje sabemos que o espectro visual, que ativa o córtex visual do cérebro, é apenas uma parte do espectro eletromagnético, onde as frequências variam dentro de várias ordens de grandeza, indo desde os raios gama, de frequência extremamente alta, até a radiação de frequência extremamente baixa. A análise do espectro eletromagnético levou a uma compreensão da verdadeira natureza da luz. O conhecimento de sua totalidade tornou possíveis incontáveis avanços na ciência e na tecnologia.

Houve um tempo em que as pessoas pensavam que a Terra era o centro do universo e que era chata e não se movia enquanto o Sol girava a seu redor. Hoje sabemos que o Sol é uma estrela, uma entre centenas de milhões apenas na galáxia Via Láctea. A maior parte delas tem planetas em seu campo gravitacional, e muitos desses quase certamente se parecem com a Terra. Será que planetas semelhantes à Terra também têm vida? Provavelmente, em minha opinião, e, graças ao método científico, alimentado por análises ópticas e espectroscópicas cada vez melhores, nós saberemos em breve.

Houve um tempo em que as pessoas acreditavam que a raça humana surgiu, como em um evento sobrenatural, totalmente madura em sua forma presente. Hoje compreendemos, de maneira bem diferente, que a nossa espécie descendeu, num processo de 6 milhões de anos, de macacos africanos que também foram os ancestrais dos modernos chimpanzés.

Como Freud observou certa vez, Copérnico demonstrou que a Terra não é o centro do universo, Darwin, que nós não estamos no centro da vida, e ele, Freud, que nós não estamos nem mesmo no controle de nossas próprias mentes. É claro, o grande psicanalista deve dividir o crédito com Darwin, entre outros, mas ele está certo ao dizer que o consciente é apenas parte do processo de pensamento.

Em resumo, por meio da ciência nós começamos a responder de modo mais coerente e convincente duas das grandes e simples questões da religião e da filosofia: de onde viemos? E o que somos? É claro, as religiões institucionalizadas afirmam ter respondido essas duas perguntas há muito tempo, usando histórias sobrenaturais de criação. Você pode muito bem perguntar, portanto, se um crente religioso que aceita uma dessas histórias pode fazer boa ciência mesmo assim. É claro que pode. Mas ele será forçado a dividir sua visão do mundo em dois domínios, um secular e outro sobrenatural, e a permanecer no domínio secular enquanto trabalha. Não será difícil para ele encontrar empreendimentos dentro da pesquisa científica que não têm qualquer relação imediata com a teologia. Essa sugestão não pretende ser cínica, nem significa um fechamento da mente científica.

Se fossem encontradas provas de uma entidade ou força sobrenatural que afeta o mundo real, o que todas essas religiões afirmam, isso mudaria tudo. A ciência não é inerentemente contrária a essa possibilidade. Pesquisadores, na verdade, têm todos os motivos para fazer essa descoberta, se ela for viável. O cientista que conseguisse fazer isso seria visto como o Newton, Darwin e Einstein, todos juntos, de uma nova era na história. Na verdade, houve inúmeros relatos ao longo da história da ciência alegando ter provas do sobrenatural. Todos, no entanto, foram baseados em tentativas de provar uma proposição negativa. Normalmente, o formato é o seguinte: "Nós não fomos capazes de encontrar uma explicação para esse e aquele fenômeno; portanto, ele deve ter sido criado por Deus". Versões atuais ainda em circulação incluem o argumento de que como a ciência ainda não pode oferecer um relato convincente sobre a origem do universo e sobre o estabelecimento das constantes físicas universais, então isso deve ser criação divina. Um segundo argumento que se ouve é que como algumas estruturas moleculares e reações na célula parecem complexas demais (para o autor do argumento, pelo menos) para terem sido formatadas pela seleção natural, elas devem ter sido projetadas por uma inteligência maior. E mais uma: como a mente humana e especialmente o livre-arbítrio como parte essencial da mente parecem estar além da capacidade da causa e efeito materiais, eles devem ter sido inventados por Deus.

A dificuldade em crer em hipóteses negativas para dar sustentação a uma ciência baseada na fé é que, se elas estiverem erradas, elas também estão muito vulneráveis a contraprovas decisivas. Basta uma prova verificável de uma causa real e física para destruir o argumento de uma causa sobrenatural. E precisamente isso, na verdade, tem sido uma grande parte da história da ciência, à medida que ela evoluiu, de fenômeno em fenômeno. O mundo gira em torno do Sol, o Sol é uma estrela entre 2 milhões de outras ou mais em uma galáxia entre centenas de bilhões de galáxias, a humanidade descende de macacos africanos, os genes mudam por meio de mutações aleatórias, a mente é um processo físico em um órgão físico. De acordo com a compreensão naturalista do mundo real, a mão divina foi retirada pouco a pouco de quase todo o espaço e o tempo. As oportunidades restantes de encontrar evidências do sobrenatural estão se fechando rapidamente.

Como cientista, mantenha sua mente aberta para qualquer fenômeno possível restante no grande desconhecido. Mas nunca se esqueça de que a sua profissão é a exploração do mundo real, sem preconceitos ou ídolos mentais aceitos, e que a verdade verificável é a única moeda nesse reino.

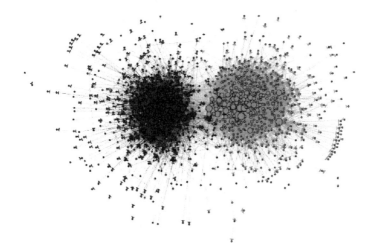

A comunidade potencial de contatos nas relações humanas contemporâneas (*linhas*) é ilustrada por blogs de política (*pontos*) na eleição presidencial norte-americana de 2004. O mesmo se aplica a disciplinas da ciência. Modificado a partir de Lada A. Adamic e Natalie Grance, "The Political Blogosphere and the 2004 U.S. Election: Divided they Blog". Proceedings of the 3rd International Workshop on Link Discovery (*LinkKDD'05*), ago. 2005, pp. 36-43.

5. O processo criativo

Saber como os cientistas se envolvem com imagens visuais significa compreender o modo como eles pensam criativamente. Praticar isso enquanto você recebe sua instrução técnica o deixará mais perto do coração do empreendimento científico. Quando eu disse anteriormente que você com certeza pode ter êxito, também presumi que é capaz de sonhar acordado. Mas esteja preparado mentalmente para uma boa quantidade de caos e de fracasso. Nos primeiros passos é comum que haja desperdício e frustração. Quando surge uma ideia exequível, a pesquisa se torna mais rotineira e também muito mais fácil de ser pensada e explicada para os outros. Essa é a parte de que sempre gostei mais.

Já que tanto da boa ciência — e talvez toda a melhor ciência — tem suas raízes na fantasia, sugiro que você também use um pouco de fantasia neste momento. Onde você gostaria de estar, o que você mais gostaria de estar fazendo profissionalmente daqui a dez, vinte, cinquenta anos? A seguir, imagine que você é bem mais velho e está olhando em retrospectiva para uma carreira de sucesso. Que tipo de grande descoberta, e em que campo da ciência, você mais gostaria de ter feito?

Recomendo que você crie cenários que terminem em objetivos, e então escolha os que você gostaria de perseguir. Deixe que se torne um hábito permitir-se fantasiar sobre a ciência. Faça com que isso seja mais do que um exercício ocasional. Sonhe acordado muitas vezes. Transforme a conversa silenciosa consigo mesmo em um passatempo relaxante. Dê aulas a si mesmo sobre tópicos importantes que você precisa compreender. Fale com outros que pensam parecido com você. Pelos sonhos deles você os conhecerá.

Falando em sonhos, uma vez jantei com Michael Crichton, o célebre escritor de suspense e ficção científica. Falamos sobre nossas respectivas profissões. O filme *Sol nascente*, baseado no livro homônimo dele, havia sido lançado recentemente, e na época em que nos encontramos estava sendo criticado pela mensagem política que passava. A trama era sobre o esforço de uma corporação de alta tecnologia japonesa para aumentar seu controle sobre a indústria norte-americana por meio de espionagem e mentiras. Na época do lançamento do filme (1993), a economia japonesa estava crescendo e as empresas do país estavam comprando partes dos Estados Unidos, desde o Rockefeller Center até imóveis no Havaí. O tema geral que podia ser visto na história era que o Japão, tendo fracassado em construir um império por meio da força, estava agora tentando construí-lo pelo domínio econômico.

Crichton sabia das confusões causadas por meu livro de 1975, *Sociobiology: The New Synthesis*, que criou uma onda de protestos de cientistas sociais e de escritores radicais de esquerda. Eles se enfureceram com o meu argumento de que os seres humanos têm instintos e de que portanto existe uma natureza humana de base genética. Em certos momentos, os protestos chegaram à interrupção de minhas aulas e a manifestações públicas. Uma delas, na Harvard Square, exigiu que eu fosse demitido de Harvard.

Crichton perguntou: "Como você lidou com toda aquela pressão?". Em certos momentos foi constrangedor para mim e para a minha família, eu disse, mas intelectualmente não foi difícil. Era obviamente uma disputa entre a ciência e a ideologia política, e a história já havia demonstrado anteriormente que, se a pesquisa é sólida, a ciência sempre acaba vencendo. E venceu também dessa vez, em favor da sociobiologia, que na época da nossa conversa já era uma disciplina bem estabelecida. Sugeri que a controvérsia sobre *Sol nascente*, que em todo caso é uma obra de ficção, não era uma coisa ruim. Ela ajudava a delinear diferentes pontos de vista sobre uma questão importante. Melhor deixar isso acontecer do que incentivar o abafamento da discussão.

Aproveitei a oportunidade para compartilhar com Crichton um experimento mental que eu havia conduzido e que tinha sido estimulado pelo seu livro O *parque dos dinossauros*, lançado no mesmo ano de *Sol nascente*. Em O *parque dos dinossauros*, um bilionário contrata um paleontólogo e outros experts para criar dinossauros para um parque que ele quer montar. Sendo ficção científica, o projeto evidentemente funciona. O método inventado era engenhoso. Primeiro eles compram pedaços de âmbar formados de resina de árvore fossilizada da época dos dinossauros. Alguns dos fragmentos conterão restos bem preservados de mosquitos. Até aí, isso pode funcionar em princípio: eu estudei centenas de fósseis reais de formigas em âmbares do período cretáceo, próximo ao fim da era dos dinossauros. O próximo passo da trama era encontrar mosquitos que ainda tivessem restos de sangue sugado das veias de dinossauros. Extraía-se o DNA do dinossauro contido ali e ele era implantado em ovos de galinha para criar dinossauros. Isso é boa ficção científica. Cada passo fica no limite da probabilidade, embora seja quase (perceba que como cientista eu digo "quase"!) certamente impossível.

Contei a Crichton de um experimento mais ou menos semelhante que eu havia imaginado e que era real e verdadeiramente possível. No acervo de Harvard, há grandes quantidades de formigas preservadas em âmbar da República Dominicana, com cerca de 25 milhões de anos (mais novos do que os dinossauros de centenas de milhões de anos, mas mesmo assim *antigas*). Eu havia analisado essa coleção de fósseis a fundo e descrito várias espécies novas para a ciência. Entre essas, a mais abundante foi a que eu chamei de *Azteca alpha*. Uma espécie viva, *Azteca muelleri*, que parece ser uma descendente evolucionária direta ou talvez uma parente próxima da *Azteca alpha*, ainda vive na América Central. Essas formigas usam grandes quantidades de feromônios, terpenos de odor ácido, que elas liberam no ar para alarmar colegas de formigueiro sempre que a colônia está sendo ameaçada por invasores.

Contei a Crichton que eu poderia conseguir extrair resquícios do feromônio dos restos da *Azteca alpha*, injetá-los em um formigueiro de *Azteca muelleri* e conseguir a resposta ao alarme. Em outras palavras, eu podia entregar uma mensagem de uma colônia de formigas para outra com uma diferença de 25 milhões de anos. Isso despertou a atenção de Crichton. Ele perguntou se eu planejava fazer isso. Eu disse que ainda não. Não tinha tempo, e ainda não tenho. Nesse sonho especificamente há muito circo e pouco de verdadeira ciência — muito pouca chance, quer dizer, de descobrir algo realmente novo.

Vou concluir esta carta contando como concebo o processo criativo tanto de um romancista como Crichton quanto de um cientista. (Eu já fui ambos.) O cientista ideal pensa como um poeta e só então trabalha como um contador. Tenha em mente que os inovadores, tanto na literatura quanto na ciência, são basicamente sonhadores e contadores de histórias. Nos primeiros passos da criação tanto da literatura quanto da ciência, tudo que há na mente é uma história. Há um final imaginado, normalmente um começo imaginado, e uma seleção de partes e de peças que podem se encaixar no meio. Em obras literárias e também na ciência, qualquer parte pode ser modificada, causando mudanças nas ligações com as outras partes, algumas das quais são descartadas e outras, adicionadas. Os fragmentos sobreviventes são unidos e separados de várias maneiras, e são movidos para cá e para lá à medida que a história se forma. Surge um cenário, depois outro. Os cenários, sejam literários ou de natureza científica, concorrem uns com os outros. Alguns se sobrepõem. Palavras e frases (ou equações ou experimentos) são testados para dar sentido à coisa como um todo. De início, concebe-se um final para tudo que se imagina. Chega-se a um maravilhoso desenlace (ou descoberta científica). Mas será o melhor, será verdadeiro? Fazer com que o final esteja garantido é o objetivo da mente criativa. Seja qual for, esteja onde estiver, independentemente de qual a forma em que for expresso, ele começa como um fantasma que cresce, ganha detalhes e então, no último momento, ou desaparece para ser substituído, ou, como o mítico gigante Anteu ao tocar Gaia, ganha força. Pensamentos inexprimíveis se movem na fronteira. À medida que os melhores fragmentos se solidificam, eles são postos no lugar e movidos de um lado para o outro, e a história cresce até atingir um fim inspirado.

Uma formiga-lava-pés seguindo um rastro de odor. Desenho de Thomas Prentiss. Modificado a partir de Edward O. Wilson, "Pheromones". Scientific American, *v. 208, n. 5, maio 1963, pp. 100-14.*

6. O que é necessário

Se você escolher uma carreira na ciência, e especialmente em pesquisa original, nada menos do que uma paixão permanente pelo seu tema vai durar pelo restante de sua carreira e de sua vida. Muitos ph.Ds. são criativamente natimortos, e a pesquisa pessoal deles acaba mais ou menos junto com suas teses de doutorado. Eu me dirijo especificamente a você que tem como objetivo permanecer no centro da criatividade. Você empenhará sua carreira, boa parte dela, a ser um explorador. Cada avanço seu na pesquisa será medido, como os cientistas constantemente fazem entre si, completando uma ou mais das frases abaixo:

"Ele [ou ela] descobriu que..."
"Ele [ou ela] ajudou a desenvolver a bem-sucedida teoria de..."
"Ele [ou ela] criou a síntese que pela primeira vez reuniu as disciplinas de..."

Descobertas originais não são feitas casualmente, não são feitas por qualquer um, a qualquer hora ou em qualquer lugar. A fronteira do conhecimento científico, normalmente chamada de ciência de ponta, é atingida com a ajuda de mapas traçados por pesquisadores anteriores. Como Louis Pasteur disse em 1854: "A sorte ajuda apenas as mentes preparadas". Desde que ele escreveu isso, as estradas para a fronteira aumentaram muitíssimo, e existe uma população imensamente maior de cientistas que viajam para chegar lá. Há uma compensação para você em sua jornada, no entanto. A fronteira também está muito mais extensa agora e cresce muito mais constantemente. Longos trechos dela permanecem escassamente povoados, em todas as disciplinas, da física à antropologia, e em algum lugar nessas vastas regiões inexploradas você deve se estabelecer.

Mas, você bem pode perguntar, a fronteira não é um lugar apenas para gênios? Felizmente, não. É o trabalho realizado na fronteira que define o gênio, e não apenas chegar lá. Na verdade, tanto as conquistas ao longo da fronteira quanto o momento final da "heureca" são obtidos mais por empreendedorismo e trabalho duro do que por inteligência nata. Isso é tão verdadeiro que, na maior parte dos campos, na maior parte do tempo, o brilho extremo pode ser um ponto negativo. Já me ocorreu, depois de encontrar muitos pesquisadores de sucesso em tantas áreas, que o cientista ideal é inteligente apenas num grau intermediário: brilhante o suficiente para ver o que pode ser feito, mas não tão brilhante a ponto de ficar entediado ao fazê-lo. Dois dos mais originais e influentes vencedores do Prêmio Nobel cujos valores de QI conheço, sendo um deles um biólogo molecular e o outro, um físico teórico, tiveram notas de QI de pouco mais de 120 no início de suas carreiras. (Eu pessoalmente me virei com 123, nada impressionante.) Imagina-se que Darwin tivesse um QI de cerca de 130.

O que dizer, então, de gênios reconhecidos cujos QIs passam de 140 e chegam a 180 ou mais? Não são eles que produzem as ideias inovadoras? Tenho certeza de que alguns deles se saem muito bem na ciência, mas gostaria de sugerir que talvez, em vez disso, muitos daqueles com QIs mais brilhantes entrem em sociedades como a Mensa e trabalhem como auditores e consultores de impostos. Por que se sustenta a regra da ótima inteligência mediana? (E eu admito que essa minha percepção é apenas especulativa.) Uma razão poderia ser o fato de que para os gênios de QI elevado tudo é muito fácil no início de seus estudos. Eles não têm de suar nas aulas de ciência que frequentam na faculdade. Eles não veem graça nas tarefas necessariamente tediosas de coleta e análise de dados. Eles escolhem não viajar nas estradas difíceis para a fronteira, pelas quais o resto de nós, os trabalhadores menos intelectualizados, precisamos viajar.

Ser brilhante, então, não é suficiente por si só para aqueles que sonham com o sucesso na pesquisa científica. A fluência matemática não é o suficiente. Para chegar à fronteira e permanecer nela, é absolutamente essencial uma forte ética de trabalho. É preciso haver uma capacidade de passar longas horas estudando e pesquisando com prazer, mesmo que parte do esforço inevitavelmente leve a becos sem saída. Esse é o preço da admissão no primeiro nível da pesquisa científica.

Eles são como caçadores de tesouros dos velhos tempos em um território não mapeado, esses homens e mulheres da elite. Se você escolher se unir a eles, a aventura é a busca do tesouro, e as descobertas são sua prata e seu ouro. Por quanto tempo você precisa fazer isso? Enquanto isso o satisfizer pessoalmente. No tempo certo você obterá conhecimento de nível mundial e certamente fará descobertas. Talvez das grandes. Se você for um pouco como eu (e quase todos os cientistas que conheço são um pouco assim, no que diz respeito a isso), você encontrará amigos entre os seus colegas entusiastas e os experts. A satisfação diária vinda daquilo que você está fazendo será uma de suas recompensas, mas igualmente importante é a estima das pessoas que você respeita. Outra recompensa ainda é o reconhecimento de que o que você descobre vai beneficiar a humanidade de uma forma única. Isso por si só é suficiente para despertar a criatividade, embora não seja o suficiente para sustentá-la.

Quão difícil vai ser isso? Não vou mentir para você. Em Harvard, orientei principalmente estudantes de graduação que planejavam iniciar carreiras acadêmicas. Eles escolhiam combinar a pesquisa com o ensino em uma universidade de pesquisa ou em uma faculdade de artes liberais. Eu sugeria a seguinte divisão de tempo para obter êxito nessa combinação: de início, quarenta horas por semana lecionando e em tarefas administrativas; até dez horas para estudos contínuos em sua especialidade e em áreas relacionadas; e pelo menos dez horas para pesquisa — presumivelmente no mesmo campo de sua pesquisa de doutorado ou pós-doutorado, ou próximo o suficiente para usar a experiência de seus anos de estudante. Um total de sessenta horas por semana pode ser assustador, eu sei. Então aproveite todas as oportunidades para tirar períodos sabáticos e outras licenças que lhe permitam períodos de tempo integral em pesquisa. Evite cargos de administração de departamento para além de bancas de teses, se isso for justo e possível. Dê desculpas, desvie, peça, negocie. Passe o tempo extra com os estudantes que mostram talento e interesse em sua área de pesquisa, depois os contrate como assistentes para seu próprio benefício e para benefício deles. Use os fins de semana de folga para descansar e se divertir, mas não tire férias. Verdadeiros cientistas não tiram férias. Eles fazem expedições de campo ou usam bolsas de pesquisa em outras instituições. Pense com carinho em ofertas de emprego de outras universidades ou de instituições de pesquisa que deem mais tempo de pesquisa, menos horas de sala de aula e menos responsabilidades administrativas.

Não se sinta culpado por seguir esses conselhos. Corpos docentes de universidades são compostos tanto de "professores internos", que gostam do trabalho que exige interação social próxima com outros professores e que justificadamente se orgulham de seu serviço para a instituição, e de "professores externos", cuja interação social se dá principalmente com colegas pesquisadores. Professores externos têm menos trabalho administrativo, mas fazem seu salário valer de outra forma: eles mantêm um fluxo de ideias e de talento e acrescentam prestígio e renda proporcionais à quantidade e à qualidade de suas pesquisas.

Independentemente de onde a sua carreira científica o levar, seja à academia ou a outro lugar, não se acomode. Se você estiver em uma instituição que incentive pesquisa original e que o recompense por isso, fique lá. Mas continue a se mexer intelectualmente em busca de novos problemas e novas oportunidades. Garanto que a felicidade espera aqueles que conseguem encontrar prazer trabalhando no mesmo tema durante toda a sua carreira, e eles certamente têm uma boa chance de fazer avanços importantes durante esse tempo. Química de polímeros, programas de computador para processos biológicos, borboletas da Amazônia, mapas galácticos e sítios do neolítico na Turquia são o tipo de tema que valem uma vida de dedicação. Quando você já estiver profundamente envolvido, uma sequência contínua de pequenas descobertas é garantida. Mas fique atento para a grande chance que está por perto. Sempre haverá a possibilidade de um grande golpe, alguma descoberta totalmente inesperada, algum pequeno detalhe que atraia sua atenção periférica e que pode muito bem, se você for atrás disso, aumentar ou até mesmo transformar o seu tema escolhido. Se você perceber essa possibilidade, aproveite-a. Na ciência, a corrida do ouro é uma coisa boa.

Para tornar esse sucesso mais provável, há ainda outra qualidade da qual você pode não ser muito dotado, mas que deve pelo menos cultivar. É o empreendedorismo, a disposição para tentar algo assombroso que você imaginou fazer e que ninguém mais pensou ou ousou tentar. Pode ser, por exemplo, começar um projeto em uma parte do mundo que nunca foi visitada nem por você nem pelos seus colegas; ou descobrir um modo de tentar usar um instrumento ou técnica já disponíveis mas nunca usados em sua área; ou, ainda mais corajosamente, aplicar o seu conhecimento a outra disciplina em que ele ainda não foi aplicado.

O empreendedorismo é ressaltado quando se realizam vários experimentos rápidos e de maneira fácil. Sim, é o que eu acabei de dizer: experimentos rápidos e fáceis de fazer. Sei que a imagem popular da ciência é a de uma precisão que não pode ser comprometida, com cada passo registrado em um caderno, junto com testes estatísticos periódicos sobre os dados feitos a intervalos regulares. Isso de fato é absolutamente necessário quando o experimento é muito caro ou demanda muito tempo. É igualmente exigido quando um resultado preliminar deve ser replicado e confirmado por você e por outros para levar o estudo a uma conclusão. Mas, a não ser nesses casos, certamente não há problema e é potencialmente muito produtivo apenas fuçar em coisas diferentes. Experimentos rápidos e sem controle são muito produtivos. Eles são feitos apenas para ver se você pode fazer algo interessante acontecer. Cutuque a natureza e veja se ela revela algum segredo. Para mostrar a minha própria devoção a experimentos rápidos e feitos de maneira desleixada, vou dar vários exemplos tirados de meus próprios e imperfeitos esforços. Vou citá-los de memória; não faço anotações, sejam cuidadosas ou não.

> Coloquei um ímã poderoso sobre uma coluna de formigas andando para ver se elas mudavam de direção ou se pelo menos aquilo as perturbava, para assim detectar se as formigas percebem força magnética. Tempo gasto: duas horas. Resultado: fracasso. As formigas não deram a menor bola.

Selei as glândulas metapleurais de formigas em uma colônia de laboratório. Esses órgãos minúsculos são agrupamentos de células encontrados dos dois lados da parte central do corpo. Depois deixei as formigas operadas andarem sobre uma tela que cobria uma cultura de bactérias de solo e também sobre outras culturas com formigas que não haviam sido operadas, para ver se as glândulas metapleurais continham substâncias antibióticas transportadas pelo ar. Tempo gasto: duas semanas. Resultado: fracasso. (Eu deveria ter continuado o esforço sendo mais persistente e usando métodos diferentes. As substâncias estão lá, como demonstraram mais tarde outros pesquisadores.)

Tentei criar colônias mistas de duas espécies de formigas-lava-pés, resfriando-as e trocando suas rainhas. Tempo gasto: duas horas. Resultado: sucesso! Eu usei o método para provar (dessa vez com experimentos cuidadosos e belas anotações) que as características que distinguem as duas espécies se devem a genes diferentes. Resfriá-las e misturá-las é hoje uma técnica padrão para várias linhas de pesquisa.

Nos anos 1950, imaginava-se que as formigas provavelmente se comunicavam por meio de sinais químicos (mais tarde chamados de feromônios). Mas ainda se cogitava a possibilidade de que, ao invés disso, elas usassem códigos de toques de suas antenas. Um toque de antena no corpo de uma colega de formigueiro, por exemplo, poderia ser um sinal de alarme. Decidi ver se eu era capaz de localizar a glândula que produzia os rastros de odor. Se tivesse sucesso, eu pensava, esse poderia ser o primeiro passo para decifrar o código do feromônio. Dissequei todos os órgãos principais do abdome de uma operária lava-pés e criei rastros artificiais a partir deles, pacientemente fatiando e picando sob o microscópio com o uso das melhores pinças cirúrgicas. Tempo gasto: uma semana. Resultado: não houve qualquer resposta a qualquer um dos primeiros órgãos tentados, mas então, para minha surpresa, surgiu uma resposta poderosa à glândula de Dufour, um órgão quase invisível em forma de dedo, localizado na base no ferrão. Dessa vez houve um grande sucesso. As formigas-lava-pés não só seguiam o rastro, mas saíam correndo do formigueiro para chegar até ele e segui-lo. As secreções de Dufour, parecia, são tanto guias quanto estimulantes: esse era um novo conceito no estudo dos feromônios. Eu e outros cientistas prosseguimos nos anos seguintes trabalhando para decifrar uma dúzia de sinais de feromônios que compõem a maior parte do vocabulário das formigas.

Realizar pequenos experimentos informais é um esporte empolgante, e o risco de perder tempo é pequeno. No entanto, se o procedimento preliminar se mostrar necessariamente demorado, caro ou ambos, o custo em tempo e dinheiro pode rapidamente se tornar proibitivo. Se o esforço fracassar, o empreendedorismo exige que você tenha o caráter e os meios de recomeçar — assim como ocorre nos negócios e em outras carreiras fora da ciência.

Vou encerrar esta carta com mais um conselho prático relevante que tenho para lhe oferecer se você já é estudante de graduação ou um jovem profissional. A menos que seus estudos e sua pesquisa o obriguem a trabalhar em uma grande unidade de pesquisa, como por exemplo um supercolisor, um telescópio espacial ou um laboratório de células-tronco, não se prenda demais a qualquer tecnologia. Quando há um instrumento novo na vanguarda científica, ele pode abrir novos horizontes de pesquisa rapidamente, mas de início ele também é normalmente caro e difícil de usar. Como resultado, um jovem cientista será tentado a construir uma carreira baseada na própria tecnologia nova, em vez de fazer estudos originais que podem ser realizados sem ela. Na bioquímica e na biologia celular, por exemplo, a centrífuga tem sido essencial há muito tempo para separar tipos diferentes de moléculas e assim fazer com que elas se tornem disponíveis para análises físicas e químicas. Desse modo, as árvores podem ser separadas da floresta, por assim dizer, e fica mais fácil compreender a floresta como um todo. No início, as centrífugas exigiam uma sala própria e uma aprendizagem técnica de quem fosse utilizá-las. À medida que sua engenharia foi simplificada, no entanto, qualquer pesquisador podia, com algumas poucas instruções, usar sozinho as máquinas. Depois as centrífugas saíram de seus próprios laboratórios na forma de unidades menores e mais baratas. Hoje, estudantes de graduação de muitas áreas da biologia veem-na como uma peça básica de seu arsenal de bancada. O mesmo progresso, levando de uma tecnologia digna de sua própria disciplina a uma peça básica de um laboratório bem equipado, ocorreu também na evolução do microscópio eletrônico de varredura, na eletroforese, nos computadores, no sequenciamento de DNA e nos softwares de estatísticas inferenciais.

O princípio que eu tiro dessa história é o seguinte: *use a tecnologia, mas não a ame*. Se você precisar dela, mas achá-la proibitivamente difícil, recrute um colaborador mais bem preparado. Coloque o projeto em primeiro lugar e, usando todos os meios disponíveis e honrados, termine-o e publique os resultados.

Na Faculdade de Matemática e Ciência do Alabama (Alabama School of Mathematics and Science, ASMS), Allison Kam (à esq.) e Hannah Waggerman examinam amostras de bactérias ambientais tiradas do delta do rio Mobile. Fotografia de John Hoyle.

7. Com mais chance de ter sucesso

Como os cientistas natos têm mais chance de ser descobertos? Existe um movimento crescente para identificar estudantes de ensino médio promissores e para colocá-los em um currículo especial que incentive seu talento. Um exemplo que conheço pessoalmente é o da Faculdade de Matemática e Ciência do Alabama, na minha cidade natal, Mobile, que escolhe estudantes de ensino médio de todo o estado, dá bolsas a eles e os acomoda em dormitórios semelhantes aos da universidade. Imersos em pesquisa de laboratório orientada por cientistas experientes, os alunos aprendem em um ambiente em que a norma é o foco na ciência e na tecnologia. Virtualmente todos os formandos de um determinado ano até o momento passaram imediatamente para a faculdade.

Poucos cientistas escrevem memórias e, entre os que o fazem, um número ainda menor está disposto a revelar as emoções, as necessidades, os ídolos e os professores que os levaram a suas carreiras científicas. Em todo caso, eu não confio na maior parte desses relatos, não porque os autores sejam desonestos, mas porque a cultura científica não incentiva essas revelações. Pesquisadores científicos passam muito tempo tentando evitar qualquer comentário que possa soar a outros cientistas como algo infantil, poético ou protelatório e pouco substancial. Por isso, um estilo seco, direto aos fatos, confina a maior parte dos relatos pessoais de descobertas científicas, e é normal que uma boa história se transforme em algo reticente e chato. A falsa modéstia é o pecado do autor de memórias científicas.

Um exemplo (imaginário) podia ser algo assim: "Enquanto estava trabalhando com proteínas de músculos de aves no laboratório de cristalografia de raios X do Whitehead Institute, fiquei fascinado pelo problema clássico da flexibilidade autônoma. Fui levado a pensar...".

Bem, estou certo de que, na vida real, autores desse tipo ficaram fascinados e até mesmo foram impelidos a pensar nisso ou naquilo, mas isso não ocorre comigo ao ler seus relatos. Um leitor gostaria de saber o motivo pelo qual eles trabalharam duro para atingir seu objetivo. Onde estava a aventura, onde estava o sonho?

Existe portanto muita coisa que não sabemos sobre o que faz as pessoas serem cientistas e sobre como elas realmente se sentem em relação a seu trabalho. Sem a Faculdade de Matemática e Ciências do Alabama, será que os estudantes de elite de lá teriam ido para a faculdade e seguiriam carreiras relacionadas à ciência?

Outra questão é se é mais inspirador e útil para os alunos trabalhar em pequenas equipes ou em projetos individuais que cada um escolha, independentemente das idiossincrasias. Não temos respostas claras para nenhuma dessas perguntas. Mas não tenho dúvidas de que o incentivo a adolescentes já predispostos a entrar em uma carreira científica os ajuda a dar um salto para o sucesso em anos posteriores.

Essa questão relativa a equipes surge basicamente no incentivo à inovação por meio da prática de ciências. A sabedoria convencional diz que a ciência do futuro será cada vez mais o produto do "pensamento em equipe", com muitas mentes em contato próximo. Certamente há cada vez menos autores publicando artigos de pesquisa em revistas de elite como a Nature e a Science. A quantidade de coautores é mais frequentemente de três ou mais; e, no caso de alguns poucos temas, como física experimental e análise de genoma, em que a pesquisa envolve por necessidade instituições inteiras, o número às vezes chega a passar de cem.

E também há os adorados *think tanks* de ciência e tecnologia, onde alguns dos melhores e mais brilhantes de suas áreas são reunidos explicitamente para criar novas ideias e produtos. Visitei o Santa Fe Institute no Novo México, assim como as divisões de desenvolvimento da Apple e do Google, dois dos gigantes corporativos dos Estados Unidos, e admito que fiquei muito impressionado com o ambiente futurista deles. Na Google, até comentei: "Essa é a universidade do futuro".

Nesses lugares, a ideia é alimentar e abrigar pessoas muito inteligentes e deixar que elas perambulem por ali, se encontrem em pequenos grupos tomando café e comendo croissants, e troquem ideias umas com as outras. E depois, talvez enquanto cruzam um gramado muito bem cuidado a caminho de seu almoço gourmet, eles terão uma epifania. Isso certamente funciona, em especial se já existe um problema bem formulado na ciência teórica ou se é preciso criar um produto.

Mas o pensamento coletivo é o melhor modo de criar ciência realmente nova? Arriscando-me a uma heresia, eu discordo. Acredito que o processo criativo normalmente ocorre de modo bastante diferente. Ele surge e durante algum tempo germina em um cérebro solitário. Começa como uma ideia e, igualmente importante, como a ambição de uma única pessoa que está preparada e bastante motivada para fazer descobertas em uma ou outra área da ciência. O inovador bem-sucedido é favorecido por uma combinação afortunada de talento e circunstâncias, e é socialmente condicionado pela família, pelos amigos, pelos professores, pelos mentores e por histórias de grandes cientistas e suas descobertas. Ele (ou ela) às vezes é levado adiante, ousarei sugerir, por uma natureza passivo-agressiva, e às vezes por uma raiva contra parte da sociedade ou contra um problema no mundo. Também há uma introversão no inovador que o afasta de esportes coletivos e de eventos sociais. Ele não gosta da autoridade, ou pelo menos não gosta que lhe digam o que fazer. Ele não é um líder no ensino médio nem na faculdade, nem é provável que receba convites de clubes particulares. Desde cedo é um sonhador, não alguém que faz coisas. A atenção dele se perde facilmente. Ele gosta de testar, de colecionar, de fuçar. Ele tende à fantasia. Não tem inclinação a se concentrar. Os seus colegas de turma provavelmente não apostarão nele como o que tem mais chances de ser bem-sucedido.

Ao serem preparados pela educação para conduzirem pesquisas, os cientistas mais inovadores com quem convivi o fazem de maneira ávida e começam rápido. Preferem dar os primeiros passos sozinhos. Buscam um problema a ser resolvido, um fenômeno importante que não tenha recebido a atenção necessária, uma conexão de causa e efeito que nunca tenha sido imaginada. Uma oportunidade de ser o primeiro equivale para eles a sentir cheiro de sangue.

Na fronteira da ciência moderna, no entanto, quase sempre são necessárias múltiplas habilidades para que uma nova ideia se concretize. Um inovador pode trabalhar com um matemático ou um estatístico, com um expert em computação, um químico de produtos naturais, um ou dois colegas da mesma especialidade — com qualquer possível colaborador que seja necessário para que o projeto seja bem-sucedido. O colaborador muitas vezes é outro inovador que estava brincando com a mesma ideia e que está disposto a modificar o que estava fazendo ou a somar seu trabalho ao dos outros. Atinge-se uma massa crítica e a discussão fica mais intensa, talvez entre cientistas que estão no mesmo lugar, talvez dispersos pelo mundo. O projeto segue em frente até que se obtém um resultado original. O pensamento coletivo tornou esse resultado possível.

Inovador, colaborador criativo ou facilitador: no percurso de sua longa e bem-sucedida carreira, você pode muito bem exercer cada um desses papéis em um ou outro momento.

O autor com uma rede olhando insetos: em Mobile, no Alabama, em 1942 (à esq.), e no cume da montanha Gorongosa, em Moçambique, em 2012 (à dir.). Fotógrafos: 1942, Ellis MacLeod; 2012 © Piotr Narkrecki.

8. Eu nunca mudei

Chegando ao fim de mais de sessenta anos de pesquisa, tive a sorte de ter tido completa liberdade para escolher meus temas. Como eu já não espero muito do futuro, e as chamas da ambição honesta foram adequadamente apagadas, posso lhe contar, sem que a falsa modéstia atrapalhe, como e por que algumas de minhas descobertas foram feitas. Eu gostaria que você pensasse como eu pensava no início da minha carreira a respeito de outros cientistas: "Se ele conseguiu fazer isso, eu também posso, e talvez melhor".

Comecei muito cedo, antes mesmo do meu triunfo lidando com cobras no Acampamento Pushmataha. Talvez você também tenha começado cedo, ou talvez seja jovem e esteja começando agora. Em 1938, quando eu tinha nove anos de idade, minha família se mudou do sul para Washington, D.C. Meu pai foi chamado para trabalhar lá por dois anos como auditor do Serviço de Eletrificação Rural, um órgão federal do tempo da Depressão encarregado de levar luz elétrica para a área rural do sul. Eu era apenas uma criança, mas não era particularmente solitário. Qualquer menino dessa idade é capaz de encontrar um amigo ou de participar de algum pequeno grupo da vizinhança, talvez se arriscando a uma briga com o menino que "manda" no pedaço. (Durante anos tive uma cicatriz no lábio superior e outra na sobrancelha esquerda.) No entanto, eu estava sozinho naquele primeiro verão e fiquei por conta própria. Nada de aulas sufocantes de piano, nada de visitas chatas de parentes, nada de clubes de meninos, nada. Era *maravilhoso*! Naquele tempo, eu estava encantado com os filmes de Frank Buck que tinha visto sobre suas expedições a florestas distantes para capturar animais selvagens. Também lia reportagens da *National Geographic* que falavam sobre o mundo dos insetos — grandes besouros de cores metálicas e borboletas extravagantes, quase sempre dos trópicos. Encontrei uma reportagem especialmente atraente em uma edição de 1934, intitulada "Formigas, selvagens e civilizadas", que me levou a procurar aqueles insetos — buscas que sempre eram bem-sucedidas devido à impressionante abundância de formigas em qualquer lugar que eu as procurava.

Havia selos postais e gibis para colecionar, é claro, mas também borboletas e formigas. Não havia nada complicado em coletar e estudar insetos. Pelo menos por ora eles serviam como meus leões e tigres, não exatamente presos em redes com a ajuda de centenas de nativos, mas, de qualquer jeito, algo real. Empolgado com tudo isso, coloquei umas garrafas em uma sacola de pano e andei pelas florestas do Rock Creek Park ali perto na minha primeira expedição, me aventurando em florestas secundárias temporárias riscadas de trilhas. Eu me lembro vividamente dos animais que levei para casa naquele dia. Entre eles havia uma aranha-lobo e a ninfa vermelha e verde de uma esperança.

Depois decidi adicionar borboletas às minhas presas. Minha madrasta fez uma rede de borboletas para mim. (Juntei muitas delas nos anos seguintes. Caso você queira fazer o mesmo, dobre um arame de cabide formando um aro, endireite o gancho e o aqueça até que ele possa queimar madeira, depois o empurre na ponta de um cabo de vassoura cortado. Por fim, costure uma rede de gaze ou de mosquiteiro em volta do aro.)

    Equipado desse modo, minha coleção de borboletas cresceu desbragadamente. No início dessa minha carreira, meu melhor amigo, Ellis MacLeod, que anos mais tarde seria professor de entomologia na Universidade de Illinois, me disse que ele tinha visto uma borboleta de porte médio, preta com estrias vermelhas brilhantes em ambas as asas, voando para cá e para lá em torno de arbustos em frente ao prédio onde ele morava. Ele encontrou um livro sobre borboletas e a identificou como almirante-vermelho. A essa altura, minha mãe, que morava com seu segundo marido em Louisville, no Kentucky, me mandou um livro maior e belamente ilustrado sobre borboletas. Isso me causou uma confusão. A única espécie familiar que encontrei nele era a borboleta-da-couve, uma espécie introduzida por acidente na Europa muitos anos antes. O motivo da minha confusão, eu descobri mais tarde, era que o livro falava de borboletas britânicas.

    Meu futuro estava definido. Ellis e eu concordamos que seríamos entomologistas quando crescêssemos. Mergulhamos em livros didáticos para alunos universitários, que mal conseguíamos ler, embora fizéssemos um grande esforço. Um que nós retiramos de uma biblioteca pública e a que nos dedicamos página a página era o formidável *Principles of Insect Morphology*, de Robert E. Snodgrass, publicado em 1935. Só mais tarde eu soube que biólogos adultos o usavam como livro técnico de referência. Visitamos a coleção de insetos em exibição no sensacional Museu de História Nacional, sabendo que entomologistas profissionais eram os curadores lá. Nunca vi um desses semideuses (um deles era o próprio Snodgrass), mas só de saber que eles eram parte do *governo dos Estados Unidos* me dava esperança de que um dia eu pudesse chegar a esse nível inimaginável.

Voltando com minha família para Mobile em 1940, mergulhei na rica nova fauna de borboletas. O clima semitropical e os pântanos das redondezas eram quase a realização dos meus sonhos anteriores. Às almirantes-vermelhas, bela-damas e espécimes de *Speyeria cybele* e *Nymphalis antiopa*, características dos climas mais ao norte, acrescentei borboletas como as *Libytheana carinenta*, *Agraulis vanillae*, *Calpodes ethlius*, *Atlides halesus* e várias magníficas da família *Papilionidae* — *Papilio cresphontes*, *Eurytides marcellus* e a lagarta-cobra (*Papilio troilus*). Então passei para as formigas, decidido de maneira monomaníaca a encontrar todo tipo delas no terreno baldio cheio de mato ao lado da grande casa de nossa família na Charleston Street. Eu não conhecia os nomes científicos das espécies, mas hoje conheço, e a localização de cada colônia naquela área equivalente a mil metros quadrados permanece vívida na minha memória: a formiga-argentina (*Linepithema humile*), que no inverno fazia seu ninho na cerca de madeira apodrecida na divisa do terreno e que nos meses quentes se espalhava pela grama; grandes formigas pretas (*Odontomachus brunneus*) com mandíbulas que mordiam e terríveis ferrões, que habitavam uma pilha de telhas no canto mais longe da entrada, perto de uma figueira; um grande formigueiro da formiga-de-fogo (*Solenopsis invicta*) que encontrei na divisa do terreno perto da rua; e uma colônia de uma pequena espécie amarela (*Pheidole floridana*) que se abrigava debaixo de uma velha garrafa de uísque.

Três anos mais tarde, como conselheiro de assuntos da natureza em Pushmataha, passei por um período dedicado às cobras, e comecei a capturar quantas eu conseguisse das dezenas de espécies que habitam o sudoeste do Alabama.

Falei dessa história de infância para dizer algo que pode ser relevante na trajetória de sua própria carreira. *Eu nunca mudei.*

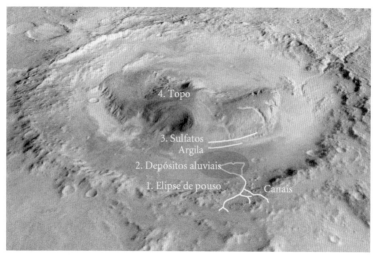

Caminho planejado do rover Curiosity *na cratera Gale de Marte.* "Nasa Picks Mars Landing Site", *por Eric Hand,* Nature *475: 433 (28 jul. 2011). Modificado a partir de fotografia da Nasa/JPL-CALTECH/ASU/UA.*

9. Arquétipos da mente científica

As melhores emoções da nossa natureza são sentidas, analisadas e entendidas mais profundamente na maturidade, mas elas nascem e se manifestam com plena intensidade durante a infância e a adolescência. Depois duram pelo resto de nossas vidas, servindo como fontes do trabalho criativo.

Eu lhe disse antes que nos primeiros passos em direção à descoberta o cientista ideal pensa como um poeta. Só depois ele trabalha na contabilidade que se espera de sua profissão. Eu falei de paixão e de ambição honesta como forças que nos levam ao trabalho criativo. O amor por um tema, e repito para dar ênfase, tem mérito por si só. Pelo prazer extraído da descoberta de novas verdades, o cientista é em parte poeta, e pelo prazer extraído dos novos meios de expressar velhas verdades, o poeta é em parte cientista. Nesse sentido, ciência e artes criativas são fundamentalmente a mesma coisa.

Eu poderia lhe falar mais sobre o templo metafórico da ciência, poderia falar das infinitas câmaras e galerias, poderia lhe dar instruções adicionais sobre como encontrar seu caminho. Mas você aprenderá isso por conta própria à medida que progredir. Nesse momento é melhor explorar com você algo sobre a psicologia da inovação. Sugiro que você analise seus pensamentos interiores em termos mais amplos para localizar os tipos de satisfação que pode obter de uma carreira na ciência. O valor desse exercício de autoanálise se aplica igualmente bem a profissões de pesquisa, ensino, negócios, governo e mídia.

Psicólogos identificaram cinco componentes na personalidade, em parte baseados em diferenças genéticas, em que as vidas interiores das pessoas se baseiam. Minha impressão é de que cientistas de pesquisa têm mais tendência à introversão e não à extroversão, são neutros (podem ir para qualquer lado) em relação a antagonismo versus disposição para ser agradáveis, e tendem fortemente em direção à consciência e à abertura para experiências. As circunstâncias de vidas que fazem com que se inclinem para o trabalho criativo variam imensamente, e os eventos que despertam seu interesse por oportunidades específicas de pesquisa diferem pelo menos no mesmo grau.

No entanto, vou repetir a minha convicção de que você se tornará mais dedicado à pesquisa na ciência e na tecnologia por meio de imagens e histórias que o afetaram anteriormente — em especial na fase que vai da infância até os limites da pós-adolescência. Digamos, dos nove ou dez anos, passando pela adolescência, até o início dos vinte anos. Além disso, os eventos transformadores podem ser classificados em um número relativamente pequeno de imagens gerais que têm impacto máximo no longo prazo. Eu os chamarei de arquétipos, por acreditar que eles são comparáveis aos padrões que tornam mais fácil aprender línguas e matemática em uma idade relativamente baixa. Arquétipos, como os acadêmicos perceberam, são comumente expressos por histórias ligadas ao mito e às artes criativas. Eles também se manifestam poderosamente no grande empreendimento tecnocientífico. Haverá uma grande diferença na sua própria carreira se você for movido por um ou mais deles.

A JORNADA PARA UMA REGIÃO INEXPLORADA

Esse anseio assume várias formas: a busca de uma ilha desconhecida; escalar uma montanha distante e olhar além dela; viajar por um rio inexplorado; contatar uma tribo que se diz que vive lá; descobrir mundos desconhecidos; encontrar Shangri-lá; aterrissar em outro planeta; estabelecer-se em um país distante e começar uma vida nova lá.

Na ciência e na tecnologia, esse arquétipo se expressa pela urgência em encontrar novas espécies em ecossistemas inexplorados; em mapear a estrutura microscópica da célula; em localizar feromônios de que ninguém suspeitava e hormônios que façam a conexão entre organismos e tecidos; ver o fundo do mar em sua parte mais profunda; viajar ao longo das placas tectônicas e dos cânions e mapear seus contornos; espreitar o interior da Terra até o seu núcleo; enxergar a fronteira exterior do universo; descobrir sinais de vida em outros planetas; escutar mensagens alienígenas nos telescópios Seti; encontrar organismos antigos em fósseis que datam do início da vida na Terra; e descobrir os resquícios dos nossos ancestrais pré-humanos e assim finalmente revelar de onde viemos e quem somos.

A BUSCA PELO GRAAL

O graal existe em muitas formas: a fórmula (ou talismã) poderosa conhecida pelos antigos, mas que se perdeu ou que é mantida em segredo; o velocino de ouro; o símbolo da sociedade secreta; a pedra filosofal; o caminho para o centro da Terra; a magia que libera espíritos malignos; a fórmula para esclarecimento da mente e para a transcendência da alma; o tesouro oculto; a chave que abre o portão que de outras formas é inexpugnável; a fonte da juventude; o rito ou a poção mágica que traz a imortalidade.

Passando para o mundo real e para os objetivos da ciência, encontramos equivalentes que mexem com o espírito de maneira semelhante. O graal é a descoberta de uma nova e poderosa enzima ou hormônio; a decifração do código genético; a descoberta do segredo da origem da vida; o encontro de indícios do primeiro organismo que evoluiu; a criação de um organismo simples no laboratório; a obtenção da imortalidade humana; obter energia pela fusão nuclear controlada; resolver o mistério da matéria escura; detectar neutrinos e o bóson de Higgs; deduzir a existência de buracos negros e de multiuniversos.

O BEM CONTRA O MAL

Nossos mitos e emoções mais poderosos se baseiam na guerra contra alienígenas invasores; a conquista de novas terras por nossos semelhantes (que evidentemente vemos como sendo os civilizados, os virtuosos, os devotos e os escolhidos, contra os selvagens que enfrentamos); a guerra de Deus contra Satanás; a derrubada de um tirano maligno; o triunfo da revolução quando ele parece mais improvável; o Herói, o Campeão ou o Mártir que vence no final; a luta interior da consciência entre o certo e o errado; o Mago Bom; o Bom Anjo; a Força Mágica; prisão e punição dos criminosos; a vitória de quem denuncia.

No mundo real da ciência, somos movidos pelo que chamamos de guerra contra o câncer; a luta contra as doenças mortais; a vitória sobre a fome; o domínio de novas fontes de energia que podem salvar o mundo; a campanha contra o aquecimento global; sequenciamento de DNA nos tribunais para capturar um criminoso.

Esses vários arquétipos têm origem em raízes profundas da natureza humana. Eles têm apelo e são facilmente compreendidos. Eles dão significado e força aos mitos da criação humana. Eles são recontados nos relatos épicos da história. Eles são os temas dos grandes dramas e dos grandes romances.

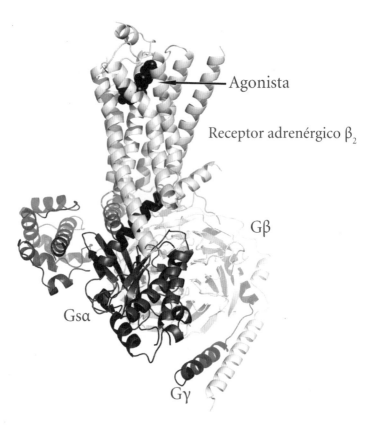

Receptor transmembranário ativado por uma molécula de sinalização (agonista, acima) ativa um receptor ligado a uma proteína G que ativa a proteína G (os 3 Gs, na parte de baixo). © Brian Kobilka.

10. Cientistas como exploradores do universo

O Clube de Exploradores de Nova York foi fundado em 1904 para celebrar a exploração geográfica do mundo e (mais tarde) do espaço sideral. Ao longo dos anos, o rol de membros incluiu Robert Peary, Roald Amundsen, Theodore Roosevelt, Ernest Shackleton, Richard Byrd, Charles Lindbergh, Edmund Hillary, John Glenn, Buzz Aldrin, e outros aventureiros famosos do século xx. A sede do Clube de Exploradores na rua 70 Leste é lotada de arquivos e de souvenires dos maiores viajantes do mundo. Também estão lá as famosas bandeiras de expedições, levadas ao longo de décadas por pessoas que viajam para destinos distantes e às vezes virtualmente inacessíveis. Quando o explorador volta, a bandeira também volta, junto com um relato do que foi descoberto.

A cada ano o clube oferece um jantar no Waldorf Astoria, um grande edifício que evoca uma era de muita riqueza. Os trajes são formais, e os convidados são solicitados a usar todas as medalhas que receberam por explorações prévias. É a única ocasião de que eu tenho notícia na América do Norte em que isso ocorre. No jantar, o excesso de exibicionismo se transforma em alegria. Por anos, até que um convidado passou mal durante o jantar, servia-se uma amostra divertida do que um explorador pode ser forçado a comer quando acabam seus suprimentos: aranhas cristalizadas, formigas fritas, escorpiões crocantes, gafanhotos grelhados, larvas de farinha tostadas, peixes exóticos e caça selvagem.

Em 2004 fui eleito membro honorário, uma distinção concedida a apenas uns poucos homens e mulheres, e em 2009 recebi a Medalha do Clube dos Exploradores, a mais alta honraria. De início, isso pode ser visto como uma homenagem totalmente inapropriada, e talvez seja. Nunca passei por privações no gelo polar, nunca fui o pioneiro a escalar uma montanha na Antártida, nunca contatei uma tribo amazônica até então desconhecida. O motivo era a ciência. O conselho do Clube de Exploradores havia decidido expandir seu conceito sobre o que permanece passível de exploração em nosso planeta. O mapa convencional do mundo foi em grande medida preenchido desde o tempo em que Teddy Roosevelt viajou por um rio sem nome na Amazônia e Robert Peary e Matthew Henson conquistaram o Polo Norte. A maior parte da superfície terrestre foi visitada a pé ou de helicóptero. O que restou pode ser observado — e até mesmo monitorado todos os dias — por satélites até o último quilômetro quadrado. O que restou de importante para se mapear no nosso planeta além das profundidades do oceano? A resposta é a sua biodiversidade pouco conhecida, essa variedade de plantas, animais e microrganismos que compõem a fina camada da Terra chamada de biosfera. Embora a maior parte das plantas com flor, dos pássaros e dos mamíferos tenha sido descoberta e descrita e tenha recebido um nome científico, a maioria das espécies de outros grupos de organismos ainda está por ser descoberta. Biólogos e naturalistas, tanto profissionais quanto amadores, que trabalham para descobrir espécies e mapear a biosfera, estão entre os verdadeiros exploradores da Terra que restaram.

No jantar de 2009, em que a biodiversidade foi oficialmente acrescentada ao desconhecido digno de ser explorado, passei pela extraordinária experiência de fazer o discurso principal. Havia muita coisa com que se empolgar naquela noite, mas a memória que primeiro me vem à mente foi encontrar o filho de Tenzing Norgay, que em 1951, com Edmund Hillary, foi o primeiro a escalar o monte Everest. Lembrei a ele que, depois de Tenzing Norgay voltar da montanha, quando um jornalista lhe perguntou "Como é se sentir um grande homem?", ele respondeu: "É o Everest que torna os homens grandes". Ao que eu posso acrescentar, especialmente para jovens biólogos que sonham em combinar a ciência com a aventura física, é a biosfera que lhe oferece oportunidades de proporções épicas.

Na segunda-feira, no dia 3 de julho de 2006, o Clube de Exploradores realizou sua primeira "expedição" para explorar a biodiversidade. Ele se uniu ao Museu Norte-Americano de História Natural e a outras organizações locais voltadas para a natureza para realizar uma "bioblitz" no Central Park de Nova York. Uma "bioblitz" é um evento em que experts em todo tipo de organismo, desde bactérias até pássaros, se reúnem para encontrar e identificar o maior número possível de espécies durante um curto período de tempo definido, normalmente 24 horas. O objetivo naquele dia era apresentar ao público o conceito de que até mesmo uma área urbana pela qual multidões de pessoas passam tem uma diversidade de vida impressionante. No final do dia, os 350 voluntários inscritos haviam registrado — e, veja bem, isso era na cidade de Nova York — 836 espécies, incluindo 393 plantas e 101 animais, entre os quais 78 mariposas, nove libélulas, sete mamíferos, três tartarugas, dois sapos e dois microscópicos ursos d'água, semelhantes a lagartas, considerados enigmáticos e raramente estudados em qualquer parte do mundo. Os ursos d'água eram os primeiros registrados no Central Park. Um dos sapos foi mais tarde considerado pela ciência como uma nova espécie, que é encontrada apenas no entorno da cidade de Nova York.

Na terça-feira, dia 8 de julho de 2003, pela primeira vez durante uma "bioblitz", amostras de solo e de água foram coletadas para análise posterior de bactérias e outros microrganismos, as mais abundantes e diversificadas entre todas as formas de vida. Houve até mesmo um tipo de aventura física. Sylvia Earle, uma importante bióloga marinha reconhecida por mergulhar nos oceanos do planeta todo, se ofereceu para explorar as águas turvas e lamacentas do pequeno lago perto da fonte Bethesda, para acrescentar criaturas aquáticas à nossa lista. "Apesar de não ter ficado preocupada", ela disse, "ao mergulhar com tubarões e baleias assassinas e outras criaturas no oceano, eu realmente tinha motivos para ter bastante medo dos micróbios do lago verde do Central Park." Ela e outros corajosos o suficiente para mergulhar com ela produziram uma lista significativa de espécies. Houve uma identificação duvidosa. "Encontrei um caracol flutuando", Earle disse. "Mas eu não tenho certeza se ele vivia lá ou se foi introduzido pelo restaurante ao lado como um escargot."

Há muito poucos lugares na Terra que *não* estão fervilhando de espécies de plantas, de animais ou de microrganismos. Hoje, para todos os fins e propósitos, a diversidade biológica parece quase infinita; e cada espécie viva por sua vez oferece aos cientistas infinitas oportunidades de pesquisas originais importantes.

Pense em um toco de árvore apodrecendo em uma floresta. Você e eu casualmente passando por ele em uma trilha não daríamos mais do que uma olhada de relance. Mas espere um momento. Ande devagar em torno do toco, olhe de perto para ele — como um colega cientista. Diante de você, em miniatura, está o equivalente a um planeta inexplorado. O que você pode aprender com essa massa decadente depende de seus estudos e da ciência que você escolheu para começar a sua carreira. Escolha um tema, que pode ser parte da física, da química ou da biologia. Com imaginação você conceberá programas originais de pesquisa que podem ter o toco como foco.

Vamos juntos pensar mais sobre isso. Devido a minha especialização de pesquisa, sou um estudante de ecologia e biodiversidade. Portanto, una-se a mim nesses campos sobrepostos da ciência, e vamos perguntar: que tipo de vida existe no microplaneta do toco?

Comece com os animais. Pode haver cavidades laterais ou na base entre as raízes suficientemente grandes para abrigar um mamífero do tamanho de um camundongo, e, se não, certamente um sapo, uma salamandra, uma cobra ou lagarto. A seguir vamos ampliar a imagem para falar de insetos e de outros invertebrados que têm de um a trinta milímetros de tamanho. A maior parte deles nós podemos ver a olho nu. Cada um deles é distribuído de acordo com nichos para os quais milhões de anos de evolução os adaptaram. Os insetos são uma minoria. Um entomologista treinado em taxonomia (como deve ser o caso de qualquer outro cientista que precisa diferenciar uma espécie de outra) vai revelar besouros que vivem ali — membros das famílias taxonômicas Carabidae (besouros do solo), Scarabaeidae (escaravelhos), Tenebrionidae, Curculionidae (gorgulhos), Scydmaenidae e muitos outros. São conhecidas mais espécies de besouros do que de qualquer outro grupo comparável de organismos no mundo. No entanto, embora sejam os de maior diversidade, eles não são os mais abundantes em indivíduos. Se o toco já está avançado na sua decomposição, haverá colônias de formigas lá, nas frestas abaixo da casca e entre as raízes abaixo. Pode haver cupins no cerne. Nas fendas e sobre a superfície podem ser encontrados piolhos-das-cascas, colêmbolos, proturos, moscas e larvas de mariposa, tesourinhas, os da família Japygidae e sínfilos. Em volta deles uma miríade de outros invertebrados que habitam tocos apodrecidos sem ser insetos: tatuzinhos-bolas, minúsculos vermes anelídeos, centípedes de vários tamanhos e formas, lesmas, caracóis, os da família Pauropoda e uma imensa fauna de ácaros, sendo que a maior parte desses últimos é dominada pelos oribatídeos vagarosos e esféricos com uns tantos fitoseídeos ferozes e rápidos. Aranhas de vários tipos tecem teias ou caçam correndo à solta.

Em trechos de musgo e líquen que crescem na superfície do toco — pequenos mundos eles próprios — perambulam os tardígrados, já mencionados pelo nome de ursos d'água, que são chamados assim em função do formato de seu corpo ficar a meio caminho entre o das lagartas e o de ursos em miniatura. Entre esses animais estão os mais abundantes de todos: os nematoides, também chamados de nematelmintos, mal visíveis a olho nu. Em todo o mundo, os nematelmintos são reconhecidos como compondo quatro quintos de todos os animais individuais.

Se a minha lista cheia de nomes confundiu você, como uma página arrancada da lista telefônica, esteja certo de que ela também confunde a maior parte dos biólogos, e no entanto trata-se apenas do início de uma lista muito longa daquilo que poderia ser encontrado em nosso toco.

Ao redor de toda a madeira que está apodrecendo, penetram correntes de fungos, com a hifa se estendendo em fios mais finos onde a casca se afasta da árvore. Fungos microscópicos abundam em todos os lugares em que há umidade. Ciliados e outros protistas nadam em fios e gotas d'água.

Toda a vida do ecossistema do toco, porém, fica diminuída, tanto em variedade quanto em número de organismos, diante das bactérias. Em um grama de detrito na superfície ou no solo abaixo da base do toco existe 1 bilhão de bactérias. Estima-se que essa multidão represente entre 5 mil e 6 mil espécies, todas virtualmente desconhecidas da ciência. Ainda menores e provavelmente mais diversos e abundantes (não temos certeza) são os vírus. Para lhe dar uma noção do tamanho relativo nesse extremo da escala do toco, pense em uma célula de um organismo multicelular como tendo o tamanho de uma pequena cidade. Uma bactéria teria nesse caso o tamanho de um campo de futebol e um vírus, o tamanho de uma bola de futebol.

E, no entanto, todo esse conjunto, se nós paramos perto dele por uma hora ou por um dia, não é mais do que um retrato. Ao longo de um período de meses e de anos, à medida que o toco apodrece mais, há uma mudança gradual nas espécies, nas quantidades de organismos de cada espécie e nos nichos que eles ocupam. Durante a transição, novos nichos se abrem e alguns antigos se fecham, à medida que o toco evolui de madeira dura recém-cortada derramando resina para fragmentos que derramam nutrientes no solo. Por fim, o toco se torna nada mais do que fragmentos desintegrados e musgo, infiltrado por raízes de plantas vizinhas invasoras e coberto por galhos mortos e folhas que caem da copa das árvores acima. Durante todo esse tempo, o toco é um ecossistema em miniatura.

Em cada etapa da decomposição, a fauna e a flora do toco mudaram. Em cada centímetro cúbico de sua massa viva e inerte, o sistema trocou energia e matéria orgânica com o ambiente a seu redor.

O que você poderia fazer com esse mundo especial, caso decida se tornar um ecologista ou um cientista de biodiversidade e estudá-lo? Como você e seus companheiros de pesquisa poderiam abordar as variações quase infinitas da biosfera da Terra representadas por esse microcosmo? Tanta coisa foi escrita, e no entanto tão pouco é conhecido — mesmo o levantamento completo das espécies que habitam tocos e o de infinitos outros tipos de ecossistemas em miniatura sobre a terra e no mar permanecem desconhecidos, não registrados e não se escreveu sobre eles. Sabe-se muito menos ainda sobre as vidas e os papéis de cada uma das espécies ao redor. A ordem e o processo delas e de suas combinações excedem tudo de que temos conhecimento no resto do universo.

Tenha em mente que uma carreira com distinção na pesquisa científica pode ser construída a partir de qualquer uma das espécies, por meio de contribuições a disciplinas diferentes dentro da biologia, da química e até mesmo da física. Karl von Frisch, o grande entomologista alemão que fez muitas descobertas referentes às abelhas, incluindo a sua comunicação por meio de gestos de dança e a sua impressionante memória espacial, sabia que ele tinha apenas de começar a explorar a biologia dessa espécie singular de insetos. "A abelha é como um poço mágico", ele disse. "Quanto mais você cava, mais há para cavar."

III. UMA VIDA NA CIÊNCIA

A face de uma formiga Dacetini, Strumigenys cordovensis. *Coletada por Stefan Cover em Cuzco Amazônico, no Peru. Fotografada por Christian Rabeling.*

11. Um mentor e o início de uma carreira

Como um inexperiente estudante de dezoito anos na Universidade do Alabama, com sérias deficiências na educação formal, comecei a me corresponder com um estudante de doutorado da Universidade Harvard chamado William L. Brown. Embora tivesse apenas sete anos mais do que eu, Bill já era uma autoridade mundial sobre formigas. Naquela época havia apenas uma dúzia de experts em formigas em todo o mundo e ele era um deles, sem contar aqueles que haviam se especializado no controle de pragas.

O mais inspirador no que dizia respeito a Bill Brown era a dedicação dele que beirava o fanatismo — à ciência, à entomologia, ao jazz, à boa escrita e às formigas, nessa ordem crescente. Ele era, como escrevi em um tributo em seu velório, em 1997, um sujeito da classe trabalhadora com um cérebro de primeiro time. Frequentava bares, gostava de cerveja, se vestia mal pelos padrões rigorosos de Harvard daquela época e tirava sarro da pretensão alheia sempre que a encontrava nos professores da faculdade. Mas ele era um presente de Deus para o garoto com quem fez amizade.

"Wilson", ele escreveu a seu seguidor adolescente, "você teve um bom início com seu projeto de identificar todas as espécies de formiga encontradas no Alabama. Mas é hora de levar a sério um projeto mais básico, em que você possa realizar um trabalho original em biologia. Se você vai estudar formigas, leve isso a sério."

Quando eu o encontrei pela primeira vez, Bill estava absorto na classificação de um grupo de espécies de formigas chamado Dacetini, limitado quase que apenas aos trópicos e a partes da zona de temperatura quente. Esses insetos são facilmente distinguidos por sua anatomia bizarra. As mandíbulas são longas, têm forma de gancho no final e se alinham com dentes em forma de agulhas. Os corpos são cobertos de várias combinações de pelos curvos ou em formato de pá; e, em muitas espécies, uma massa esponjosa de tecido circunda a cintura.

"Wilson", Bill prosseguiu, "há muitas espécies dessas formigas no Alabama. Quero que você colete o maior número que conseguir de colônias para nossos estudos, e enquanto faz isso, descubra algo sobre o comportamento delas. Quase nada sobre esse tema foi feito. Nós não sabemos nem o que elas comem."

Eu gostava do jeito como Bill Brown se dirigia a mim como a um colega, embora ainda em treinamento, como um sargento que dá instruções a um recruta. Se estivéssemos nos fuzileiros navais dos Estados Unidos, suponho que eu o teria seguido até o inferno e voltado atrás dele — ou algo assim, presumindo que haja formigas vivendo em algum lugar do inferno. Apesar de ser novo e não ter experiência, ele esperava que eu me comportasse como um entomologista profissional. Insistia que eu fosse lá e fizesse o trabalho que havia para ser feito. Não havia dicas do tipo "entre em contato com meus sentimentos" ou "pense sobre o que você mais gostaria de fazer".

Assim, empolgado com a confiança que ele tinha em mim, eu ia lá e fazia o trabalho que havia para ser feito. Comecei moldando uma série de caixas de gesso com buracos do tamanho daqueles que as colônias selvagens ocupam na natureza. Acrescentei uma cavidade maior adjacente que as formigas podiam usar para caçar suas presas. Em várias dessas cavidades coloquei ácaros vivos, colêmbolos, larvas de insetos e uma ampla variedade de outros invertebrados que encontrei perto dos ninhos das formigas em habitats naturais. Mais tarde eu denominaria isso de "método da lanchonete".

Meus esforços foram recompensados rapidamente. As pequenas formigas, descobri, preferiam colêmbolos de corpo mole (tecnicamente, colêmbolos entomobroides). Enquanto eu as olhava perseguir e capturar essas presas, a estranha anatomia das dacetinas fez todo o sentido. Colêmbolos são abundantes em todo o mundo no solo e em folhas caídas, e em alguns locais eles estão entre os insetos dominantes. Mas, para predadores comuns como formigas, aranhas e besouros da terra, eles são muito difíceis de caçar. Embaixo do corpo de cada colêmbolo há uma longa alavanca que pode ser liberada violentamente, mas que fica presa na maior parte do tempo — em outras palavras, é construída como uma ratoeira. Quando o colêmbolo é perturbado, ainda que de leve, ele dispara um gatilho anatômico e a alavanca é solta. Batendo contra o solo, a alavanca catapulta o inseto no ar. O equivalente acrobático em um ser humano seria um salto de vinte metros para cima e todo um campo de futebol para a frente.

O salto alto funciona bem contra a maior parte dos predadores, mas essa formiga é feita para superar esse obstáculo. Ao sentir um colêmbolo por perto por meio de receptores sensoriais em suas antenas — ela é basicamente cega —, a caçadora abre suas longas mandíbulas, em algumas espécies até 180 graus ou mais, e as trava desse modo com um par de linguetas móveis na frente da cabeça. A caçadora então segue a presa, devagar, literalmente um passo cauteloso após o outro. Na presença de um colêmbolo, ela é uma das formigas mais lentas do mundo. Suas antenas balançam de um lado para o outro, também lentamente, fixadas na localização da presa, indo para a direita quando o odor diminui na esquerda, e para a esquerda quando o odor diminui na direita, mantendo a formiga no rastro. Dois longos pelos sensíveis se projetam do lábio superior da perseguidora. Quando as pontas desses pelos alcançam o colêmbolo, a lingueta é retirada, soltando os poderosos músculos que ficam na base. As mandíbulas se fecham, levando o dente afiado em formato de agulha em direção ao corpo macio do colêmbolo. Frequentemente a presa é capaz de liberar instantaneamente sua alavanca abdominal, fazendo com que ele e a formiga sejam lançados girando no ar. Muitas vezes eu pensei que, se as formigas Dacetini e os colêmbolos fossem do tamanho de leões e antílopes, seriam a alegria dos fotógrafos da vida selvagem.

Dos meus primeiros estudos em parceria com Bill Brown, vários dos quais nós publicamos sozinhos ou juntos, surgiu uma primeira imagem da biologia dessas formigas. Em primeiro lugar, os fisiologistas perceberam que o fechamento das mandíbulas é um dos movimentos mais rápidos que existem no reino animal. Pesquisadores também descobriram posteriormente que o colar esponjoso em torno de sua cintura é a fonte de um produto químico que atrai os colêmbolos, levando-os para mais perto da cilada da mandíbula.

Depois nós e outros entomologistas viemos a reconhecer esse grupo de formigas entre os mais abundantes e vastamente distribuídos de todos. Embora seu tamanho minúsculo faça com que elas passem despercebidas no solo e nas folhas caídas, elas são um elo importante nas cadeias alimentares dos habitats do mundo. E, incidentalmente, colônias de várias espécies vivem em tocos apodrecidos como o que eu descrevi anteriormente.

Na década seguinte, Bill Brown e eu demos o passo lógico seguinte na biologia evolucionária. Armados com cada vez mais informação, reconstruímos as mudanças nas formigas do grupo Dacetini ao longo de milhões de anos, à medida que elas se espalhavam pelo mundo e que suas espécies se multiplicavam. De que maneira e sob quais condições, nós perguntamos, as diferentes espécies cresceram ou diminuíram em tamanho anatômico? Como e por que algumas delas evoluíram para construir seus ninhos no solo e outras em galhos caídos no chão, ou em troncos caídos e tocos? Algumas, nós descobrimos, se especializaram mesmo para viver nas massas de raízes das orquídeas e de outras epífitas da cobertura da floresta tropical.

A história das formigas Dacetini se tornou o foco à medida que continuávamos nossos estudos. Ela se mostrou um épico evolucionário comparável ao de todos os tipos de antílopes, por exemplo, ou de todos os roedores, ou de todas as aves de rapina. Você pode pensar que formigas como essas, sendo tão pequenas, devem ser pouco importantes e merecer menor atenção. Bem ao contrário. As suas vastas quantidades e seu peso somado compensam o minúsculo tamanho individual. Na floresta tropical amazônica, um dos redutos mais importantes da diversidade biológica e de massas de tecido vivo, as formigas somadas pesam quatro vezes mais do que todos os vertebrados terrestres — mamíferos, aves, répteis e anfíbios — juntos. Somente nas florestas da América Central e do Norte e em áreas de pastagem, um grupo taxonômico de formigas, das cortadoras de folhas, coleta fragmentos de folhas e de flores, criando fungos para sua alimentação e tornando-as as líderes em consumo de vegetação. Nas savanas e nas pastagens da África, cupins que constroem colônias também criam fungos e são os principais animais construtores da terra. Embora os insetos, as aranhas, os ácaros, os centípedes, os milípedes, os escorpiões, os protistas, os tatuzinhos-bolas, os nematoides, os vermes anelídeos e outros liliputianos do gênero sejam normalmente desprezados — mesmo por cientistas —, eles são as "pequenas coisas que fazem o mundo funcionar". Se nós desaparecermos, o resto da vida floresceria como resultado. Se por outro lado os pequenos invertebrados desaparecessem, quase todo o resto morreria, incluindo a maior parte da humanidade.

Como na época em que era um garoto eu sonhava com a exploração de florestas para caçar borboletas e revirar pedras para procurar tipos diferentes de formigas, segui ao acaso o conselho que lhe dei anteriormente: vá aonde há menos coisas acontecendo. Apenas por uma pequena virada do destino, eu poderia facilmente ter me juntado à grande população de jovens biólogos trabalhando com ratos, pássaros e outros animais grandes. Como a maior parte deles, eu teria tido uma carreira produtiva e feliz na pesquisa e no ensino. Nada errado com isso tudo, mas, ao seguir o caminho menos convencional, e ao ter um mentor inspirador como Bill Brown, eu tive muito mais facilidades. Descobri cedo a oportunidade especial de conduzir uma pesquisa científica em tocos apodrecendo e em outros microrganismos que são a fundação do mundo vivo, mas que na época e ainda hoje são tão facilmente subestimados.

Martialis heureka, *a formiga viva mais primitiva conhecida. Modificado a partir de desenho de Barrett Klein/ Departamento de Biologia, Universidade de Wisconsin, La Crosse, <www.pupating.org>.*

12. Os Graals do campo da biologia

Rastreando a história das formigas Dacetini, Bill Brown e eu viemos a nos concentrar no que parece ser a mais primitiva das espécies vivas, semelhante às espécies ancestrais que muito tempo atrás deram lugar à tribo mundial dessas formigas que vive hoje. Nosso alvo era a *Daceton armigerum*, um inseto tão grande quanto as maiores formigas, mais ou menos do mesmo tamanho das formigas carpinteiras de pouco mais de um centímetro de comprimento encontradas em todo lugar na zona temperada do norte. Coberta com espinhos, com suas longas mandíbulas chatas e no topo com espinhos afiados, ela sabidamente ocorria nas florestas tropicais da América do Sul. Fora isso, os entomologistas não tinham quase nenhuma informação sobre onde ela fazia seu ninho, a estrutura social de suas colônias, como e quando ela se alimenta, o tipo de presa que ela caça. Ela se tornou, pelo menos por um tempo, meu graal pessoal.

Bem cedo em minhas viagens pelo mundo caçando formigas, eu cheguei ao Suriname, na época conhecido como Guiana Holandesa. Fui imediatamente para as florestas tropicais ao redor da capital, Paramaribo, em busca da grande Dacetini. Depois de uma semana de suar a camisa e de fracassos, recrutei a ajuda de entomologistas locais. Eles por sua vez enviaram seus assistentes e alguns outros conhecedores das florestas que viviam ali, haviam visto a formiga e tinham uma boa noção de onde procurá-la. Logo encontramos uma colônia. Ela estava onde eu não havia procurado — em uma pequena árvore que crescia em um pântano denso e temporariamente inundado. Nós cortamos a árvore e a levamos em segmentos para um laboratório em Paramaribo. Lá, com carinho e cuidado, eu abri o tronco cortando em fatias, revelando uma cavidade onde vivia toda a colônia — rainha, operárias, ninhadas e tudo mais. Estudando aquela colônia (e mais tarde outra que descobri em Trinidad), eu preenchi as lacunas: as colônias são compostas de várias centenas de operárias; as responsáveis por achar alimento saem sozinhas para caçar na cobertura da floresta; cada operária caça por si mesma, pegando insetos de vários tipos, todos maiores do que colêmbolos e do que outras presas capturadas pelas menores conhecidas. E mais.

É comum que biólogos façam uma varredura na biodiversidade para localizar uma ou outra espécie especialmente promissora, como a formiga gigante primitiva das Dacetini, que oferecem oportunidades para uma descoberta de rara importância. Outra expedição que fiz tendo em mente o mesmo objetivo foi ao Ceilão, hoje conhecido como Sri Lanka. Eu sabia que as formigas da subfamília das Aneuretinae encontradas lá são um grupo tão distinto quanto as do Dacetini. Ao contrário destas, no entanto, as Aneuretinae não estão entre os insetos dominantes do mundo hoje. Na verdade, elas estão à beira da extinção. Seu auge no sorteio evolucionário foi há muito tempo, em torno da Era Mesozoica, a Era dos Répteis, e durou mais um pouco até a Era Cenozoica, a Era dos Mamíferos — em outras palavras, cerca de 100 milhões a 50 milhões de anos atrás. Nós sabemos pelos fósseis remanescentes que essas formigas eram tão diversificadas quanto relativamente comuns durante o último período. Mas sobre a organização social delas, seus ninhos, suas colônias, sua comunicação, seus hábitos alimentares, não sabemos nada. Quando eu era um jovem pesquisador em Harvard, sabia que no final dos anos 1800 dois espécimes de uma espécie viva, *Aneuretus simoni*, haviam sido coletados nos Jardins Botânicos Reais de seiscentos anos em Peradeniya perto de Kandy, no centro do Sri Lanka. Mas desde aquela época nenhum outro espécime da pequena formiga amarelo-escura havia sido coletado e posto em coleções.

Será que a última espécie das formigas Aneuretinae vivas estaria extinta? Será que ela teria seguido o caminho do dodô e do lobo-da-tasmânia durante um intervalo tão curto de tempo, depois de dezenas de milhões de anos de vida? Eu me senti impelido a descobrir. Outro graal! Em 1955, aos 25 anos, desembarquei de um navio italiano de passageiros em Colombo e fui direto para o Udawattakele, o jardim florestal de prazeres dos reis de Kandy, que parecia ser o lugar seminatural mais promissor. Durante uma semana procurei durante o dia. Não consegui nada, nem mesmo uma operária perdida do grupo. Depois fui a lugares mais preservados dos jardins de Peradeniya, a fonte dos espécimes originais. Continuei fazendo buscas intensas, mas ainda nada da *Aneuretus*. Parecia mesmo possível que a espécie que eu procurava, e com ela toda a história evolucionária das formigas Aneuretinae, tivesse desaparecido.

Mas eu considerava esse veredicto inaceitável. Por isso viajei para o sul até Ratnapura, decidido a caçar a formiga fora da cidade e na floresta tropical próxima, que na época seguia de forma quase contínua até o pico de Adão.

Ao chegar a Ratnapura, me registrei em uma pousada, me lavei, e dentro de uma hora passei a caminhar pela reserva próxima dali, onde, embora a encosta estivesse cheia de pedestres e de rebanho sendo pastoreado, percebi um pequeno bosque de árvores. Indolentemente peguei um galho oco que estava no chão e o quebrei em dois, sem esperar que algo muito interessante vivesse lá dentro. Ao invés disso, fiquei chocado quando de lá saiu um grupo de *Aneuretus* furioso. Fiquei ali observando esse presente maravilhoso. Não prestei atenção à sensação irritante das operárias se espalhando pelas minhas mãos. Será que um acadêmico especializado em Audubon, em comparação, se incomodaria por ter o dedo cortado pelo papel ao descobrir um fólio original?

No dia seguinte, entusiasmado como eu supunha que apenas um entomologista pudesse ficar, peguei um ônibus com destino ao interior para chegar a uma parada às margens da floresta tropical que ficava ali perto. Fui acompanhado de um assistente que me havia sido designado pelo Museu de História Natural em Colombo. O papel principal dele era assegurar aos jainistas da região, cuja religião proíbe que se mate qualquer animal, incluindo as pequenas formigas, que eu havia recebido uma permissão especial para isso. Ao longo de uma trilha na floresta, logo encontrei várias outras colônias de *Aneuretus*. Eu as estudei no campo, nos intervalos ocasionais em que a chuva parava de nos encurralar. Coloquei várias colônias em ninhos artificiais para estudar as comunicações delas, para ver como elas cuidavam das formigas mais jovens e da rainha-mãe, e outros aspectos de seu comportamento social. De volta a Harvard, trabalhei com vários colegas para descrever sua anatomia interna. Quase trinta anos depois, como professor de Harvard, orientei uma estudante de graduação do Sri Lanka, Anula Jayasuriya, enquanto ela fazia novas pesquisas sobre as Aneuretinae para seu trabalho de conclusão de curso. Ela descobriu que a variedade de espécies estava diminuindo, o que não era surpresa devido à devastação implacável da floresta de planície do Sri Lanka desde a época da minha visita. A essa altura eu havia colocado a *Aneuretus simoni* na lista de espécies ameaçadas da União Internacional para a Conservação da Natureza, um dos poucos insetos raros conhecidos o suficiente até mesmo para ser considerado pertencente a essa categoria.

Durante esse período, o retrato da evolução como um todo das formigas pequenas, mas dominantes do mundo, estava ficando mais claro. Mais pesquisadores estavam passando a estudar fósseis e espécies vivas. Estávamos preenchendo as lacunas sobre os passos da evolução que haviam levado aos grupos sobreviventes, ao mesmo tempo que descobríamos grupos anteriormente desconhecidos e as linhas de descendência que os uniam.

Por um período, a maior lacuna em aberto era a do ancestral de todas as formigas. Não existe uma formiga viva solitária. Todas as espécies vivas, até onde sabemos, formam colônias com uma rainha e suas filhas estéreis (ou quase estéreis), que fazem todo o trabalho. Os machos são criados no ninho unicamente com o propósito de acasalar com as rainhas virgens. Eles saem da colônia para encontrar parceiras, não têm permissão para retornar e logo morrem. O rei Salomão, que disse, "Vai ter com a formiga, ó preguiçoso; olha para os seus caminhos, e sê sábio", obviamente não levou em conta em seu dito moral todos os fatos sobre a biologia das formigas. No entanto, como esse sistema social bizarro porém extremamente bem-sucedido veio a existir? Quando eu era um jovem cientista, nós tínhamos muitos fósseis para estudar, alguns que datavam de mais de 50 milhões de anos, mas todas as espécies representadas tinham castas de operárias. Não sabíamos nada sobre a origem da organização social delas.

Esse graal que nós, biólogos de formigas, procurávamos era um elo que ainda faltava — uma formiga primitiva com colônias como aquelas das formas ancestrais que viveram mais de 50 milhões de anos atrás, e simples o suficiente para fornecer pistas sobre a origem do comportamento social. A principal candidata de que tínhamos notícia naquela época era uma formiga australiana (*Nothomyrmecia macrops*). Infelizmente, como as formigas Aneuretinae vivas do Sri Lanka, a espécie era conhecida apenas por meio de dois espécimes. Eles haviam sido coletados em 1931 em um dos lugares mais remotos do planeta. A área era a charneca de areia relativamente inacessível da Austrália Ocidental. Nos anos 1950, essa vasta área, que vai da pequena cidade costeira de Esperance, no oeste, até a beira da área desértica da planície de Nullarbor, no leste, se espalhando por mais de 2500 quilômetros quadrados, era inteiramente despovoada. Duas décadas antes de minha visita, um grupo de aventureiros havia viajado a cavalo por essa área partindo da estrada transcontinental em direção ao sul, indo para uma fazenda na costa chamada de Thomas River Farm, e depois mais 160 quilômetros em direção oeste, rumo a Esperance. O terreno por onde eles andaram é um dos mais ricos biologicamente do mundo. Nos cerrados aparentemente estéreis viviam grandes números de espécies de plantas que não eram encontradas em nenhum outro lugar da Terra. Os insetos eram basicamente desconhecidos pela ciência.

Com o grupo, em 1931, estava uma jovem que havia concordado em coletar formigas ao longo do caminho para John S. Clark, um entomologista do Museu Victoria, em Melbourne, e o único expert em formigas na Austrália nessa época. Ela levava um pote de álcool no qual jogava as formigas sempre que as encontrava. Quando Clark examinou os espécimes, ele ficou assustado ao descobrir dois que pertenciam a espécies previamente desconhecidas de formigas, que tinham uma forma primitiva parecida com a das vespas. Parece que elas são mais próximas na anatomia do que todas as outras formigas vivas daquela que pode ter sido a ancestral de todas as formigas. Infelizmente, a jovem que fez a coleta não manteve registros durante a viagem sobre onde havia encontrado cada espécie particular de formiga. A *Nothomyrmecia macrops* australiana pode ter sido pega em qualquer ponto de uma trajetória de 160 quilômetros.

Na época em que cheguei à Austrália, em 1955, para estudar formigas, eu estava obcecado pela ideia de redescobrir essa espécie enigmática. Já era quase uma lenda entre os naturalistas. Eu queria saber se ela era plenamente social, com colônias bem organizadas de rainhas e operárias, ou se nem tanto — talvez estivesse apenas a meio caminho da condição avançada de todas as outras formigas conhecidas. Biólogos da época não tinham qualquer ideia de como a vida social avançada das formigas havia começado, ou por quê.

Ainda jovem aos 25 anos e cheio de energia e otimismo, convidei dois colegas entusiasmados para se unirem a mim no esforço de redescobrir a *Nothomyrmecia macrops*. Um deles era Vincent Serventy, um famoso naturalista australiano e autoridade no meio ambiente do oeste australiano. O outro era Caryl Haskins, um expert em formigas havia muito tempo e na época recém-nomeado presidente da Carnegie Institution de Washington. Nós nos encontramos em Esperance, pegamos suprimentos e nos dirigimos para o leste em um velho caminhão de carga do Exército, usando uma estrada de terra até a Thomas River Farm. A planície, coberta de arbustos floridos e de plantas herbáceas, era bonita de ver e abençoadamente vazia — nós vimos um único outro veículo durante toda a viagem. A partir dessa base, procuramos em todas as direções, noite e dia, durante a maior parte da semana. Dingos rondavam nosso acampamento à noite, o sol do verão nos desidratava, e nossas pegadas transformavam ninhos de formigas em massas efervescentes de formigas vermelhas e marrons enfurecidas, mordendo de maneira terrível para se defender. Eu estava com medo? Nunca. Amei cada minuto daquilo.

Dedicamos um dia de nossa busca para uma viagem ao norte para o monte Ragged, uma elevação sobre cujas encostas estéreis de arenito essas formigas podem ter sido coletadas. A única fonte de água, para o grupo de 1931 e para nós, era um ponto de umidade na cobertura de área de sombra, da qual pingava água suficiente para encher uma xícara por hora. Também não localizamos nossas formigas lá.

No total, nosso esforço rendeu muitas novas espécies de formigas, mas nem mesmo um único espécime da *Nothomyrmecia macrops*. Em função de minhas grandes expectativas, o fracasso foi uma das grandes decepções de minha vida científica.

Nossa expedição fracassada foi, apesar disso, bastante divulgada na imprensa australiana e estimulou outras buscas na charneca por entomologistas. Havia um amplo sentimento entre os entendidos locais em ciência de que se esse inseto devia ser redescoberto e estudado, isso devia ser feito por australianos, e não por americanos, dos quais uma quantidade mais do que suficiente já havia visitado o continente.

Uma tentativa desse gênero foi feita por meu ex-aluno Robert W. Taylor, que havia terminado seu doutorado em Harvard e naquela época era curador de entomologia nas coleções nacionais de insetos em Canberra, a capital da Austrália. Bob estava desesperado para fazer a descoberta, para conquistar para si o graal e pela honra da entomologia australiana. No caminho para o oeste rumo ao território de tais formigas, o grupo acampou em uma floresta de *mallee*, um tipo de eucalipto arbustiforme. A noite estava fria e não parecia haver bons motivos para procurar qualquer inseto. Mas Taylor saiu de qualquer jeito com uma lanterna nas mãos, apenas para o caso de haver algo ativo. Poucos minutos depois, ele voltou correndo, gritando: "Peguei a desgraçada! Peguei a desgraçada!". Como indicavam as palavras dele, hoje famosas entre os entomologistas, a formiga tinha realmente sido encontrada — e se não por um australiano, pelo menos por um neozelandês.

Acontece que ela é uma espécie do inverno. As operárias esperam em seus ninhos e saem nas noites frias para caçar principalmente insetos, muitos dos quais estão anestesiados e fáceis de apanhar. A espécie é parte da antiga fauna de Gondwana, insetos e outras criaturas dos quais uma grande parte se originou nos tempos mesozoicos, no início da separação do continente de Gondwana e do deslizamento rumo ao norte da Nova Zelândia, da Nova Caledônia e da Austrália. Os elementos remanescentes, entre os quais essa formiga, são espécies adaptadas à zona temperada do Sul, e às vezes aos regimes de temperaturas frias do inverno. Eu devia ter previsto essa possibilidade ao ter feito as buscas em meio ao verão em Esperance. Mas não previ.

Com uma população de *Nothomyrmecia macrops* localizada, uma enxurrada de estudos se seguiu, durante a qual virtualmente todos os aspectos da biologia e da história natural da espécie foram explorados. Essas formigas se revelaram elementares na maior parte dos aspectos de seu comportamento social, mas não são as criaturas fundamentalmente menos sociais que esperávamos encontrar. Como todos os outros tipos conhecidos de formigas, elas formam colônias com rainhas e operárias. Elas constroem ninhos, buscam comida e criam suas irmãs. Todas são filhas cooperativas e subordinadas da rainha-mãe.

Descobrir a origem de todas as formigas, mesmo levando em conta sua estatura minúscula, é tão importante quanto descobrir a origem dos dinossauros, dos pássaros e até mesmo de nossos próprios ancestrais distantes entre os mamíferos. Percebi que sem um elo vivo satisfatório, os pesquisadores precisavam encontrar os fósseis certos do período geológico certo para fazer novos progressos. Até 1966, no entanto, os fósseis mais antigos conhecidos tinham uma idade relativamente baixa, que ia de 50 milhões a 60 milhões de anos, época na qual, no início do Período Eoceno, as formigas já eram abundantes e altamente diversificadas. Elas também estavam distribuídas pelo planeta. Nós tínhamos até mesmo descoberto uma espécie extinta da *Nothomyrmecia macrops* semelhante à que vivia na Austrália, preservada no âmbar do Báltico, na Europa.

Era tudo muito frustrante. As formigas obviamente haviam surgido durante a Era Mesozoica, que acabou 65 milhões de anos atrás. Mas por um longo período nós não tínhamos um único espécime mesozoico. Parecia que uma cortina escura tinha caído sobre os ancestrais e sobre as primeiras espécies desses insetos que dominam o mundo. Então, em 1966, ouviu-se em Harvard que dois espécimes do que pareciam ser formigas haviam sido encontrados em âmbar de 90 milhões de anos de um depósito geológico que ficava, de todos os lugares possíveis, não em um nicho de fósseis distante e exótico, mas no litoral de Nova Jersey, e eles estavam chegando para que eu os examinasse. Finalmente a cortina podia subir! Eu estava tão empolgado que, quando peguei o pedaço de âmbar do pacote de correio, eu me atrapalhei e ele caiu no chão. Ele se quebrou em dois pedaços que escorregaram para longe um do outro. Fiquei aterrorizado. Que desastre eu havia causado? No entanto, para meu grande alívio cada pedaço continha uma formiga inteira, e nenhum dos fósseis havia sido danificado. Quando poli a superfície das peças para conseguir uma suavidade de vidro, descobri que a forma externa dos espécimes havia sido preservada quase como se elas tivessem sido colocadas em resina uns poucos dias antes.

Meus colaboradores e eu demos à formiga do mesozoico o nome de *Sphecomyrma freyi*, sendo que o primeiro nome genérico significa "formiga vespa", e o segundo é homenagem ao casal aposentado que havia descoberto os espécimes. O nome genérico era totalmente justificado: a espécie tinha uma cabeça que era muito parecida com a da vespa, algumas partes do corpo eram semelhantes às das formigas e outras partes do corpo eram intermediárias entre as vespas e as formigas. Em resumo, o elo perdido havia sido descoberto, outro graal encontrado.

O anúncio da descoberta causou uma enxurrada de novas buscas dos entomologistas por formigas e vespas semelhantes a formigas em âmbar e em depósitos de rochas sedimentares do final da era Mesozoica. Em duas décadas, muitos outros espécimes foram encontrados em depósitos de Nova Jersey, Alberta, Burma e da Sibéria. Além de mais *Sphecomyrma*, novas espécies em outros pontos do desenvolvimento evolucionário vieram à luz. A história do início da diversificação das formigas começou a se revelar. Nós descobrimos que ela remonta a pelo menos 110 milhões de anos e provavelmente bem mais, até 150 milhões de anos antes de nosso tempo.

No entanto, infelizmente, nós ainda tínhamos apenas fósseis. Nenhum elo evolucionário vivo, cujo comportamento social pudesse ser estudado em campo e no laboratório, tinha sido encontrado. Parecia que o conhecimento direto das fases iniciais do comportamento social das formigas teria de ser construído indiretamente. A formiga australiana e um pequeno número de outras linhagens dentre as formigas vivas poderiam se revelar a melhor alternativa que seria encontrada.

Então em 2009 houve uma grande surpresa que tinha pelo menos potencial para mudar a situação. Um jovem entomologista alemão, Christian Rabeling, estava escavando o solo e examinando folhas caídas na floresta tropical perto de Manaus, no centro da Amazônia. Rabeling, com quem depois eu trabalhei em campo, tem a merecida reputação de literalmente não deixar pedra alguma sem ser revirada. Ele também subia prontamente em árvores, sem ajuda de equipamentos, para coletar colônias que viviam nas copas. Um dia, enquanto estava coletando todo novo tipo de formiga que encontrasse, ele viu um único espécime claro de aparência estranha se arrastando por baixo das folhas caídas. Ao pegá-lo, percebeu que não podia encaixá-lo em nenhum gênero ou espécie conhecida de formigas.

Em uma visita a Harvard, ele trouxe sua descoberta junto com o restante de sua coleção para a "Sala das Formigas". Aqui, em um lugar apertado do quarto andar do Museu de Zoologia Comparativa de Harvard, fica a maior e mais completa coleção de formigas classificadas no mundo. Construída por uma sucessão de entomologistas ao longo de mais de um século, ela contém talvez 1 milhão de espécimes (ninguém se voluntariou para fazer a conta exata), pertencentes a até 6 mil espécies. Experts em formigas de todo o mundo vêm até aqui para identificar espécimes que eles próprios coletaram e para realizar pesquisas sobre classificação e evolução. Muitos estavam presentes quando Rabeling trouxe sua bizarria amazônica.

Depois de muita consternação, o grupo me chamou no meu gabinete do outro lado do corredor. Eu me lembro vividamente do momento. Observando no microscópio, eu disse: "Meu Deus, essa coisa deve ser de Marte!". O que significava que eu também não tinha nenhuma pista. Mais tarde, quando Rabeling descreveu formalmente a espécie em uma revista técnica, ele deu a sua formiga o nome de *Martialis heurеca*, que significa, grosso modo, "a pequena marciana que foi descoberta". Era uma formiga, tudo bem, e revelou ser um ramo da árvore genealógica das formigas anterior até mesmo à formiga australiana. Enquanto escrevo isso, três anos depois, nenhuma outra formiga Martialis foi descoberta. A Amazônia é um lugar bastante grande para procurar, no entanto, e espero que uma colônia seja finalmente localizada se a espécie for realmente social, e talvez por um ou mais dos crescentes grupos de jovens experts em formigas no Brasil.

Você pode achar que a minha história de formigas é apenas um pequeno pedaço da ciência, que interessa principalmente a pesquisadores dessa especialização. Você pode estar certo. Mas mesmo assim isso está em um nível diferente de uma dedicação igualmente apaixonada à pesca, às batalhas da Guerra Civil ou a moedas romanas. As descobertas de seus pequenos graals são um acréscimo permanente ao conhecimento do mundo real. Eles podem estar ligados a outros campos do conhecimento, e frequentemente as redes de conhecimento que resultam disso levam a grandes avanços na epopeia maior da ciência.

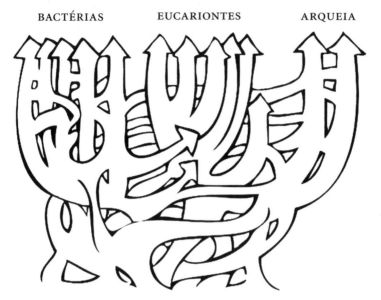

A árvore básica da vida com as trocas de genes durante o início da evolução, como imaginado pelo microbiólogo W. Ford Doolittle. Modificado do desenho original em W. Ford Doolittle, "Phylogenetic Classification and the Universal Tree". Science, v. 284, n. 2127, 25 jun. 1999, figura 3.

13. Uma celebração da audácia

Seis anos antes da descoberta da arquetípica *Martialis* na floresta amazônica, os entomologistas tinham dado início a um grande esforço para estabelecer a árvore genealógica, mais tecnicamente chamada de árvore filogenética, de todas as formigas vivas. Eis outro capítulo de minha história especialmente relevante para você. Em 1997 eu havia finalmente me aposentado de Harvard e parado de aceitar novos estudantes de doutorado. No entanto, em 2003, o chefe do Comitê de Graduação do Departamento de Biologia Organísmica e Evolucionária telefonou certo dia e me disse: "Ed, nós já aceitamos nossa cota de novos estudantes para este ano, mas temos mais uma... uma jovem tão incomum e promissora que todos estamos dispostos a adicioná-la se você concordar em recomendá-la e orientá-la. Ela é fanática por formigas, quer estudar formigas mais do que tudo. E ela tem tatuagens de formigas pelo corpo para provar isso".

Eu admiro dedicação desse tipo, e depois de ver o histórico dela eu percebi que Harvard era ideal para ela. E ela, parecia, seria ideal para Harvard. Recomendei que Corrie Saux (posteriormente Corrie Saux Moreau) de New Orleans fosse admitida imediatamente. Quando ela apareceu, eu sabia que tinha tomado a decisão certa. Ela passou com facilidade pelos requisitos básicos do primeiro ano. No fim do ano ela já tinha uma ideia clara do que desejava fazer como tese de doutorado. Três experts reconhecidos em classificação de formigas, cada um em uma instituição de pesquisa diferente, tinham acabado de receber uma bolsa federal multimilionária para construir uma árvore genealógica dos principais grupos de formigas no mundo, com base em sequenciamento de DNA — a técnica ideal para realizar o trabalho. Era um empreendimento importante mas intimidador que, se obtivesse êxito, serviria de base para estudos sobre classificação, ecologia e outras investigações biológicas sobre todas as 16 mil espécies conhecidas no mundo. Além disso, compreender as formigas, muitos dos especialistas perceberam, significa aprender muito sobre os ecossistemas terrestres do planeta.

Saux sugeriu escrever para os três pesquisadores chefes para obter permissão para decodificar uma das menores divisões taxonômicas das formigas (uma no total de 21). Eu disse que sim, que seria uma conquista digna de um doutoramento se ela conseguisse realizá-la, e um bom modo de encontrar outros experts e de trabalhar com eles.

Logo depois, contudo, ela voltou para me dizer que os líderes do projeto haviam recusado sua participação. Eles não estavam dispostos a aceitar uma estudante de graduação na equipe. Dos meus dias de estudante, eu havia aprendido a criar pele grossa, a não aceitar um não como uma rejeição pessoal. Com isso em mente, eu disse: "O.k., não deixe isso abater você. O que os líderes do projeto decidiram não é uma coisa ruim. Por que você não escolhe outra coisa que gostaria de fazer?".

Uns dias mais tarde, ela voltou e disse: "Professor Wilson, andei pensando, e acho que eu podia fazer o projeto todo sozinha". Eu disse: "O projeto todo?". Ela respondeu com uma sinceridade acanhada. "Sim, todas as 21 subfamílias, todas as formigas. Eu acho que consigo fazer."

Corrie então acrescentou que a coleção de ponta de Harvard era uma grande vantagem. Tudo de que precisava, ela disse, era de um assistente de pós-doutorado especializado em sequenciamento de DNA. Ela conhecia um que estava disposto a fazer o trabalho. Será que eu podia fornecer dinheiro para o salário dele? Depois de uma pausa, eu disse por impulso, mais por instinto do que por reflexão lógica: "Bom, tudo bem".

Corrie não fazia bravatas, não havia qualquer traço de orgulho excessivo, nenhuma pretensão. Ela era uma entusiasta quieta e serena. Como se viu depois, ela também era uma amiga aberta a ajudar os colegas de faculdade e outros que estavam a seu redor. Ela tinha vindo de New Orleans passando pela Universidade Estadual de San Francisco, e eu tinha orgulho dela como seu colega sulino. Eu queria que ela tivesse sucesso, e, embora não participasse como colaborador, consegui os recursos para montar o laboratório dela. E por que não? Um esforço como esse é uma celebração da imaginação, da esperança e da audácia. E Corrie tinha uma possibilidade de recuo: se ela não conseguisse fazer tudo, podia usar a parte que tivesse completado como sua tese. Eu até ajudei um pouco, indiretamente. Quando visitei as Florida Keys para outro projeto nos meses seguintes, coletei formigas do gênero *Xenomyrmex* para ela, completando um grupo difícil de se obter em campo. Ao longo do caminho, ela me dizia que precisava consultar um expert sobre alguns métodos complexos em inferência estatística: também encontrei essa pessoa.

A essa altura, eu estava determinado a levar Corrie Saux até o fim. Percebi que ela realmente podia fazer o que havia vislumbrado.

Sua tese foi completada em 2007, lida atentamente pela banca de doutorado e aprovada. Em 7 de abril de 2006, a parte principal de seu estudo foi publicada como reportagem de capa da *Science*, uma conquista que seria considerada excepcional até mesmo para um pesquisador experiente. Admito que apesar de tudo fiquei um pouco nervoso quando a tese de Corrie seguiu para a banca de Harvard para ser revista.

Então eu soube que a equipe de três pessoas com a bolsa maior também havia concluído seu trabalho e planejava publicar os resultados ainda naquele ano, permitindo que a história registrasse que os dois estudos haviam sido conduzidos de maneira independente e simultânea. Eu aprovava isso com entusiasmo, especialmente pelo fato de todos os três terem bom renome como cientistas. Mas isso também significava que a pesquisa de Corrie estava prestes a ser duramente testada. E se as duas filogenias não batessem? Esse era um cenário em que eu não queria pensar.

Para meu grande alívio, as duas filogenias batiam quase perfeitamente. Havia uma diferença no posicionamento de uma das 21 subfamílias, as formigas Leptanilla, um grupo obscuro e pouco conhecido. Mesmo essa diferença de interpretação foi mais tarde resolvida por meio de mais dados e de análise estatística.

Eu considero a história do empreendimento ambicioso de Corrie Saux Moreau especialmente importante para você. Ela sugere que a coragem nascida da autoconfiança (sem arrogância!), uma disposição de assumir riscos, mas com resiliência, a falta de medo da autoridade, uma disposição mental que o prepare a ir em novo rumo caso haja frustrações, são de grande valor — vença-se ou não. Uma das minhas máximas favoritas é de Floyd Patterson, o boxeador peso-pesado mais leve que derrotou homens mais pesados e conquistou o título de campeão dos pesos-pesados, que manteve por um tempo. "Você tenta o impossível para conseguir realizar o incomum."

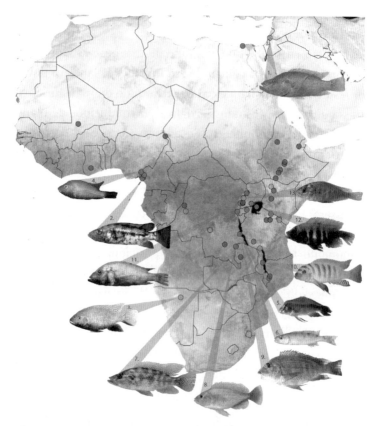

Localizações da evolução das espécies de peixes ciclídeos na África. Modificado a partir de Catherine E. Wagner, Luke J. Harmon e Ole Seehausen, "Ecological Opportunity and Sexual Selection Together Predict Adaptive Radiation". Nature, v. 487, 2012, pp. 366-9.

14. Conheça o seu assunto profundamente

Para fazer descobertas na ciência, tanto as pequenas quanto as importantes, você deve ser um expert nos tópicos abordados. Ser um expert inovador exige comprometimento. Comprometimento com um assunto implica trabalho duro e contínuo.

Se você olhar abaixo da superfície das descobertas importantes para vislumbrar os cientistas que as fizeram, logo descobrirá a verdade dessa generalização. Aqui, por exemplo, vai o testemunho do físico teórico Steven Weinberg, que junto com Sheldon Lee Glashow e Abdus Salam recebeu o prêmio Nobel de Física em 1979 por "contribuições para a teoria unificada das interações fracas e eletromagnéticas entre partículas elementares, incluindo, entre outros aspectos, a previsão da corrente fraca neutra":

> Eu nasci na cidade de Nova York, filho de Frederick e Eva Weinberg. Minha inclinação precoce para a ciência recebeu incentivo de meu pai, e na época em que eu tinha quinze ou dezesseis anos, meu interesse havia se concentrado na física teórica [...]

Depois de concluir meu doutorado em 1957, trabalhei na Columbia e depois, de 1959 a 1966, em Berkeley. Minha pesquisa durante esse período era sobre uma grande variedade de tópicos — comportamento de alta energia em diagramas de Feynman, interação de segunda classe de correntes fracas, quebra de simetria, teoria da dispersão, física dos múons etc. — tópicos que em muitos casos eram escolhidos porque eu estava tentando me aprimorar em alguma área da física. Meu interesse ativo em astrofísica data de 1961-2; escrevi alguns artigos sobre a população cósmica de neutrinos e então comecei a escrever um livro, *Gravitation and Cosmology*, que finalmente foi concluído em 1971. No final de 1965 comecei meu trabalho atual em álgebra e aplicação às interações fortes da ideia da quebra espontânea de simetria.

Obviamente, Steven Weinberg não acordou simplesmente um dia, pegou lápis e papel e começou a esboçar suas ideias inovadoras.

Mudando para um assunto bastante diferente, a cristalografia de raios X, nós temos a caracterização de Max Perutz e Lawrence Bragg feita por James D. Watson. Ela está em *A dupla hélice*, que talvez seja a melhor biografia já escrita por um cientista, um livro que recomendo a qualquer jovem que queira experimentar quase pessoalmente a emoção da descoberta científica. Nele, Watson descreve o que se revelou ser o passo essencial para resolver a estrutura da superimportante molécula de código:

> O líder da unidade a que Francis [Crick] pertencia era Max Perutz, um químico austríaco que chegou à Inglaterra em 1936. [Perutz] vinha coletando dados sobre difração de raios X a partir de cristais de hemoglobina havia mais de dez anos e estava finalmente começando a chegar a algum lugar. Ajudando Perutz estava Sir Lawrence Bragg, o diretor de Cavendish. Por quase quarenta anos, Bragg,

vencedor do prêmio Nobel e um dos fundadores da cristalografia, vinha observando métodos de difração de raios X para resolver estruturas de dificuldade cada vez maior. Quanto mais complexa a molécula, mais Bragg ficava feliz quando um novo método permitia sua elucidação. Assim nos anos que se seguiram imediatamente à guerra, ele estava especialmente entusiasmado com a possibilidade de resolver as estruturas das proteínas, as mais complicadas de todas as moléculas. Muitas vezes, quando as tarefas administrativas permitiam, ele ia ao gabinete de Perutz para discutir dados de raios X obtidos recentemente. Depois ele voltava para casa para ver se conseguia interpretá-los.

Durante quase duas décadas, de 1985 a 2003, eu tornei realidade um sonho que outros antes de mim consideraram extraordinariamente difícil ou mesmo impossível. Nos intervalos entre minhas aulas em Harvard nos anos antes da minha aposentadoria, assim como entre outros projetos de pesquisa e de escrita, levei a cabo a classificação e a história natural do gênero gigante de formigas *Pheidole*. Esse não é um grupo comum. Ele compreende de longe o maior número de espécies entre todos os gêneros de formigas, e, mais do que isso, está entre os maiores gêneros de animais e plantas de qualquer tipo. Em muitas regiões do mundo, do deserto às planícies e às profundezas da floresta tropical, elas são também frequentemente as mais abundantes entre todas as formigas. O que distingue as *Pheidole* é a existência de duas castas, operárias mais esguias e menores e soldados muito maiores de cabeça grande. A existência dessa variação dentro das colônias aumenta a complexidade biológica desses insetos impressionantes.

A lista de espécies é tão grande que quando comecei minha revisão a taxonomia das *Pheidole* estava em frangalhos. A maior parte das espécies reconhecidas por classificadores anteriores era irreconhecível a partir das descrições feitas por eles. Pior, a coleção de espécimes acumulada ao longo do século anterior estava espalhada por meia dúzia de museus nos Estados Unidos, na Europa e na América Latina. Na época em que assumi a tarefa, as *Pheidole* já não podiam ser ignoradas. Suas muitas espécies estão coletivamente entre os principais atores do meio ambiente. Ecologistas que tentam entender simbiose, fluxos de energia, o revolvimento do solo e outros fenômenos básicos eram incapazes de nomear as espécies que estavam observando. Exceto por sítios de coleção na América do Norte, eles normalmente eram forçados a enviar seus espécimes como pertencendo a "espécie *Pheidole* 1, espécie *Pheidole* 2, espécie *Pheidole* 3" e assim por diante, chegando à espécie 20 e ainda mais longe. Isso pode funcionar, pelo menos grosseiramente, para um pesquisador em uma localidade. Mas outros biólogos em outras localidades tinham suas próprias listas independentes. As espécies *Pheidole* 1, 2, 3 e assim por diante eram muito provavelmente diferentes das listas dos outros, e as listas só podiam ser comparadas se os pesquisadores assumissem a tediosa tarefa de reunir os espécimes. Seria melhor se desde o começo todos os autores usassem a mesma lista abrangente, compreendendo, por exemplo, *Pheidole angulifera*, *Pheidole dossena*, *Pheidole scalaris* e assim por diante, cada espécie tendo sido definida anteriormente de uma maneira cuidadosa e formal e tornada universalmente acessível na literatura. Quando a taxonomia tivesse sido corrigida, biólogos que quisessem estudar o gênero poderiam identificar a espécie por seu único nome aceitável. Eles poderiam imediatamente comparar suas descobertas com as de outros pesquisadores e retirar da literatura tudo que já fosse conhecido sobre cada espécie de interesse.

Normalmente se fala da taxonomia como se fosse uma disciplina antiquada. Alguns de meus amigos na biologia molecular costumavam chamar isso de coleção de selos. (Talvez alguns ainda o façam.) Mas digo enfaticamente que não se trata de colecionar selos. A taxonomia, ou sistemática, como frequentemente é chamada para melhorar sua imagem, é fundamental para a moderna biologia. Na tecnologia ela é feita com a ajuda de sofisticadas pesquisas de campo e de laboratório, usando sequenciamento de DNA, análises estatísticas e tecnologias de informação avançadas. Para ter seu lugar na biologia básica, ela se apoia em estudos de filogenia (a reconstrução das árvores genealógicas) e na análise da pesquisa genética e geográfica dedicada à multiplicação das espécies. A tarefa da taxonomia, partindo dessas disciplinas, se torna mais difícil, no entanto, pelo fato de que a maior parte dos animais e dos microrganismos, com uma minoria substancial das plantas, ainda está por ser descoberta.

Taxonomistas das formigas chamavam o gênero *Pheidole* de monte Everest da taxonomia de formigas, parado arrogantemente à nossa frente, parecendo grande demais para ser conquistado. Havia muitos desafios menores mais importantes a ser enfrentados a partir dos quais outros poderiam construir uma carreira produtiva. Eu era capaz de enfrentar o fracasso, imaginava, e portanto resolvi aceitar o trabalho de subir o Everest das formigas, primeiro em colaboração com meu antigo mentor William L. Brown. Quando a saúde de Bill começou a piorar logo depois, enfrentei o restante do caminho, começando com o hemisfério Ocidental, o quartel-general da biodiversidade do gênero. Eu me senti na obrigação de continuar até o fim, em parte porque estava situado no Museu de Zoologia Comparativa, com acesso fácil à maior coleção e à melhor biblioteca do mundo para essa tarefa. Mas eu também persisti em parte pelo desafio e em parte porque pensava que era meu dever. No final, quando *Pheidole in the New World: A Dominant, Hyperdiverse Ant Genus* foi publicado em 2003, o livro tinha 798 páginas em que eram diagnosticadas 624 espécies, sendo 334 novas para a ciência, com tudo que se sabia sobre a biologia de cada espécie citada e com todas as espécies ilustradas, com um total de mais de 5 mil desenhos que eu mesmo tinha feito. Mesmo enquanto as cópias de *Pheidole in the New World* estavam sendo impressas, novas espécies continuavam a chegar ao museu enviadas por colaboradores de campo. É provável que até o fim do século o número total de espécies passe de mil, talvez até de 1500 espécies.

Finquei a bandeira no topo do Pheidole, por assim dizer, mas não sou nenhum Edmund Hillary ou Tenzing Norgay. Eu tinha outro objetivo em mente ao englobar a classificação desse gênero monstro. Um deles era descobrir novos fenômenos enquanto pensava em cada espécie. Eu estava seguindo a segunda das duas estratégias de que falei a você em uma carta anterior: "para cada tipo de organismo existe um problema para cuja solução o organismo é ideal". Um sucesso desse esforço de correlação foi a descoberta do fenômeno da "especificação do inimigo". O princípio por trás desse conceito é simples. Cada espécie de planta e de animal é cercada em seu habitat natural por outras espécies de plantas e de animais. A maior parte é neutra no que diz respeito a seu efeito sobre ela. Umas poucas são amigáveis, e, no extremo, existe o nível simbiótico. No último caso, duas ou mais espécies são dependentes umas das outras para sua própria sobrevivência ou pelo menos para a reprodução — por exemplo, animais polinizadores e as plantas que eles polinizam. Umas poucas plantas exceto estas e algumas espécies de animais são, por outro lado, inimigas de espécies específicas, chegando em alguns poucos casos a ser perigosas para sua sobrevivência. É muito vantajoso para os indivíduos dessas espécies reconhecer instintivamente os inimigos e evitá-los ou destruí-los, se possível.

O princípio parece senso comum. Mas as espécies realmente desenvolvem essa resposta à especificação do inimigo? Eu nunca tinha pensado muito de um jeito ou de outro. Pelo contrário, descobri isso por acidente. Durante o projeto *Pheidole*, cultivei colônias de laboratório de *Pheidole dentata*, uma espécie abundante no sul dos Estados Unidos. Também mantive colônias de formigas-lava-pés (*Solenopsis invicta*). Um dia eu estava conduzindo um dos meus experimentos fáceis e rápidos ao colocar outros tipos de formigas e de insetos próximo das entradas artificiais da colônia da *Pheidole dentata* só para ver como elas responderiam. Eu estava especialmente curioso para ver quais fariam com que os soldados poderosos e de cabeça grande saíssem.

A resposta normalmente foi morna. Ou as formigas que contatavam as intrusas batiam em retirada para a colônia ou, com algumas outras poucas colegas de colônia, entravam em combate. Mas quando eu soltei uma única formiga-lava-pés operária no mesmo local, a reação da colônia foi explosiva. A primeira formiga operária que encontrou a intrusa correu de volta para o ninho, deixando um rastro de odor enquanto corria, enquanto contatava freneticamente uma colega de colônia após a outra. Tanto as operárias pequenas quanto os soldados então saíram do ninho, andando em zigue-zague e em círculos procurando a formiga-lava-pés operária. Quando a encontraram, elas a atacaram de maneira terrível. As operárias pequenas mordiam e puxavam suas pernas, enquanto os soldados, usando suas mandíbulas afiadas e os músculos adutores poderosos que preenchem suas cabeças grandes, simplesmente arrancaram os membros da formiga-lava-pés para torná-la indefesa.

As formigas-lava-pés são certamente inimigas de um tipo mortal. Quando, no laboratório, eu coloquei *Pheidole* e colônias de formigas-lava-pés próximas umas das outras, algumas das formigas-lava-pés exploradoras conseguiram voltar para casa para relatar o que haviam encontrado e recrutar colegas de colônia para a batalha. As colônias de lava-pés muito maiores rapidamente destruíram e comeram suas oponentes. No entanto, em alguns habitats naturais, colônias de ambas as espécies são abundantes.

Parecia que as *Pheidole* sobreviviam construindo seus ninhos a uma distância segura das colônias de formigas-lava-pés e matando exploradoras das formigas-lava-pés antes que pudessem ir para casa avisar de sua descoberta.

Mais tarde, na floresta tropical da Costa Rica, encontrei uma resposta ainda mais impressionante de outra espécie (*Pheidole cephalica*) à chuva ou à subida de água que ameaça inundar seus ninhos. Quando coloquei apenas uma gota ou duas na entrada de um ninho, as pequenas operárias rapidamente mobilizaram a colônia, e todas migraram dentro de minutos para outro local.

Descobertas como essas, sejam menores ou importantes — e quem pode dizer de início qual delas será? —, raramente podem ser feitas sem um conhecimento completo inicial dos organismos estudados. Essa precondição às vezes é chamada de "uma empatia pelo organismo".

Deixe-me relatar outra história para reforçar esse princípio importante. Ela ocorreu durante uma expedição que liderei em 2011 ao Pacífico Sul. Comigo estavam Christian Rabeling, o expert em formigas e descobridor da formiga "marciana" da Amazônia; Lloyd Davis, outro expert em formigas e também especialista de nível mundial em pássaros; e Kathleen Horton, que estava encarregada da complexa logística. Nós viajamos durante a primavera austral de novembro e início de dezembro. Nosso destino eram dois arquipélagos, a nação independente de Vanuatu e a possessão francesa da Nova Caledônia, perto dali. No processo visitamos localidades onde eu havia coletado e estudado formigas em 1954 e 1955. Eu estava ansioso para observar mudanças no meio ambiente que sem dúvida haviam ocorrido 57 anos depois. Levei imagens escaneadas dos meus velhos slides Kodachrome comigo para fazer a comparação exata. Queria especialmente avaliar a evolução das terras selvagens e das reservas e parques nacionais desde 1955.

Quais descobertas originais nós faríamos, em especial com as formigas que planejamos coletar e estudar, dependeria inteiramente do conhecimento que levamos conosco. Nós de fato estávamos bem preparados. Descobrimos novas espécies e fizemos anotações sobre os habitats em que elas foram encontradas. Mas isso era apenas parte do plano. Tínhamos algo maior em mente: esclarecer, se pudéssemos, fenômenos na formação das espécies e o modo como elas se espalharam de um grupo de ilhas para outro pelas distâncias criadas pelo oceano. Se você olhar um mapa do Pacífico Sul e se focar em Vanuatu, verá como as plantas e animais que colonizaram esse arquipélago podiam ter vindo de qualquer um dentre três grupos de ilhas: Austrália e Nova Caledônia a oeste, as ilhas Salomão ao norte, Fiji a leste ou alguma combinação dos três. Formigas de colônias, embora completamente ligadas à terra, podem ter feito a viagem flutuando em troncos e galhos de árvores caídas ou levadas por tempestades de ventos. Formigas rainhas capazes de fundar colônias podem até mesmo ter subido nas penas de pássaros que voam longas distâncias. Não poderíamos esperar determinar como as formigas cruzaram a água, mas podíamos coletar dados para julgar que grupo de ilhas contribuiu com a maior parte das colônias de Vanuatu. A resposta calhou de ser as ilhas Salomão.

Essa descoberta era importante o suficiente para justificar o trabalho pesado de campo, mas nós vislumbramos outra pergunta a ser formulada e talvez respondida. Deixando de lado as ilhas Salomão, cuja fauna de formigas ainda era pouco explorada, tínhamos ciência de uma grande diferença entre Vanuatu e os dois arquipélagos que ficam de cada lado dele, Fiji e Nova Caledônia. Ambos são antigos, tendo existido com uma área substancial de terra por dezenas de milhões de anos. Vanuatu existe há um tempo comparável, mas apenas como um conjunto de pequenas ilhas de localização variável. Apenas durante o último milhão de anos a área de Vanuatu chegou a ser de mais de um décimo do que é hoje. A antiguidade de Fiji e da Nova Caledônia é imediatamente aparente pela riqueza de sua fauna e de sua flora. Em particular, cada uma é ocupada por um grande número de espécies, algumas altamente evoluídas, que não ocorrem em nenhum outro lugar do mundo.

E o que dizer do relativamente jovem Vanuatu? Em novembro de 2011 fomos os primeiros a olhar de perto as formigas desse arquipélago. Nós sabíamos que, se ele tivesse uma longa história geológica e uma grande área de terra como a Nova Caledônia e Fiji, devíamos encontrar uma gama rica e altamente evoluída de formigas. Se, por outro lado, a atual área grande de Vanuatu tivesse uma história relativamente curta, como os geólogos afirmavam, nós deveríamos encontrar uma gama de formigas muito mais esparsa e distinta do que o que ocorre em Fiji e na Nova Caledônia. No caso, descobrimos uma gama menor, de acordo com as expectativas extraídas dos registros deduzidos pelos geólogos. Mas as formigas de Vanuatu não estiveram inativas durante seu "breve" período de 1 milhão de anos. Encontramos indícios claros de novas espécies em formação e o começo do tipo de expansão de diversidade biológica que é bem avançado nos arquipélagos mais antigos. As formigas de Vanuatu, para falar de maneira mais sucinta possível, estão na primavera de sua evolução.

Eu tenho mais uma história para contar a você sobre o Pacífico Sul, já que ela fala sobre um processo que está ocorrendo e que pode de início parecer distante e exótico, mas que tem significado global. Ele torna urgente a lição de saber onde você está e o que procurar quando estiver fazendo pesquisa de campo.

Enquanto estava na Nova Caledônia, nossa pequena equipe se uniu a Hervé Jourdan, um experiente entomologista local do Instituto de Pesquisa e Desenvolvimento da região. Ele nos levou a uma viagem para a ilha dos Pinheiros, uma pequena ilha ao sul da ilha principal, Grande Terre, e, pelo menos do ponto de vista dos norte-americanos, um dos lugares mais remotos do mundo. Nosso objetivo era aprender que tipos de formigas ocorrem lá e procurar uma espécie em particular, a formiga-touro, *Myrmecia apicalis*. As formigas-touro são primas evolucionárias daquela formiga australiana primitiva, e quase tão primitivas quanto ela em anatomia e comportamento. Oitenta e nove espécies de *Myrmecia* foram descobertas na Austrália moderna. Apenas uma, a *Myrmecia apicalis*, é nativa de outro lugar. A existência desse inseto tão longe de sua terra natal fez surgirem perguntas de interesse dos biogeógrafos, cujo trabalho é mapear e explicar a distribuição das plantas e dos animais. Quando e como a formiga-touro da Nova Caledônia chegou a esse arquipélago remoto? Quais das 89 espécies na Austrália são suas parentes mais próximas? Como ela se adaptou ao meio ambiente da ilha? De que maneira, se é que de alguma maneira, ela se tornou especial?

Eu queria muito responder a essas perguntas quando visitei a Nova Caledônia em 1955, mas não consegui encontrar a espécie. A floresta em que ela havia sido vista pela última vez em Grande Terre, a principal ilha do arquipélago da Nova Caledônia, havia sido cortada em 1940. Em anos posteriores a *Myrmecia apicalis* foi considerada extinta. Mas então Hervé Jourdan encontrou várias operárias da formiga em uma área de floresta na ilha dos Pinheiros. Nós fomos lá com ele para localizar as colônias, se possível, e para aprender tudo que pudéssemos sobre essa espécie ameaçada. Para nosso alívio, tivemos sucesso em encontrar três ninhos em partes profundas da floresta intocada, e pudemos filmar e estudar as formigas dia e noite. Os ninhos estavam localizados nas bases de pequenas árvores. Seus túneis escondidos eram cobertos de detritos. Operárias responsáveis por arranjar comida, nós descobrimos, deixam o ninho na aurora, sobem sozinhas nas copas das árvores, voltam trazendo lagartas e outros insetos caçados no pôr do sol. Depois descobrimos que a *Myrmecia apicalis* é aparentada de maneira mais próxima a algumas espécies de formigas-touro australianas com hábitos semelhantes que vivem nas florestas tropicais do nordeste da Austrália. Nós ainda não sabemos como uma ou mais dessas espécies foi capaz de colonizar a Nova Caledônia, ou há quantos milhares de milhões de anos elas fizeram a viagem.

Estou lhe contando esse relato um tanto remoto de história natural por uma razão especial. Enquanto estávamos na ilha dos Pinheiros, confirmamos a existência de uma ameaça aterrorizante para uma grande parte da biodiversidade da ilha, não apenas para a formiga-touro da Nova Caledônia, mas para uma grande parte da fauna. Outra formiga, acidentalmente introduzida na Nova Caledônia em navios de carga em anos recentes, chegou à pequena ilha dos Pinheiros e está tomando conta das florestas de lá, destruindo, à medida que se espalha, as formigas nativas, outros insetos e na verdade quase todos os invertebrados terrestres.

O inimigo vindo de fora é a "pequena lava-pés" (*Wasmannia auropunctata*), que se originou nas florestas da América do Sul. Com a ajuda não intencional da humanidade, a espécie está se espalhando por regiões tropicais do mundo. Eu havia encontrado essa invasora pela primeira vez nos anos 1950 e 1960 em Porto Rico e nas Florida Keys. Desde então ela chegou à Nova Caledônia e começou a se espalhar por lá, onde se tornou uma praga especialmente destrutiva. Embora suas operárias sejam minúsculas, as colônias são enormes e agressivas. A espécie é tão má quanto a mais famosa formiga-lava-pés importada (*Solenopsis invicta*), que se espalhou intensamente por países de temperatura quente. O governo do vizinho Vanuatu, ciente do perigo que a Wassmannia representa, está tentando mantê-la distante passando sprays e exterminando populações pioneiras sempre que elas são encontradas na ilha.

A pequena formiga-lava-pés é uma ameaça particularmente grave na ilha dos Pinheiros. Durante nossa busca pelas formigas-touro e outros tesouros entomológicos, visitamos vários tipos de florestas, inclusive aqueles compostos de grupos quase puros de *Araucaria*, uma das plantas típicas do arquipélago da Nova Caledônia. Essas árvores altas em forma de campanário prevaleceram nas franjas dos continentes mais ao sul por dezenas de milhões de anos. Nós descobrimos que onde as pequenas lava-pés haviam penetrado em bosques de *Araucaria*, as formigas nativas e outros invertebrados estavam quase totalmente ausentes. As formigas-touro da Nova Caledônia sobreviveram em uma área livre de Wassmannia, mas estavam a apenas um ou dois quilômetros do avanço lento da onda de lava-pés. A extinção final desses insetos únicos, e muito provavelmente de outros animais nativos, parece estar apenas a décadas de distância.

É possível parar as pequenas lava-pés? Cientistas franceses do Instituto de Pesquisa para o Desenvolvimento em Nouméa tentaram descobrir um modo, mas até agora fracassaram. Você pode estar pensando a essa altura que se Grande Terre e a ilha dos Pinheiros estão tão distantes, por que deveríamos nos preocupar? Eu responderei com ênfase: porque as pequenas lava-pés são apenas um dos milhares de invasores semelhantes que se espalham ao redor do mundo. O número de espécies de plantas e animais invasores, incluindo mosquitos e moscas que transmitem doenças, cupins que destroem casas, ervas daninhas que sufocam plantações e inimigos das faunas e floras nativas, está aumentando exponencialmente em todos os países. Espécies invasoras são a segunda causa mais importante de extinção de espécies nativas, atrás apenas da destruição de habitats pela atividade humana.

Aprender mais sobre os detalhes da grande ameaça invasora e encontrar soluções antes que ela tenha atingido níveis catastróficos exigirá muito mais ciência e tecnologia baseada em ciência do que possuímos hoje. A humanidade precisa de mais experts que tenham paixão e profundidade de conhecimento para saber o que procurar, antes de mais nada. É aí que você entra, e o motivo de eu ter lhe contado essa história da formiga-touro ameaçada da Nova Caledônia.

IV. TEORIA E QUADRO GERAL

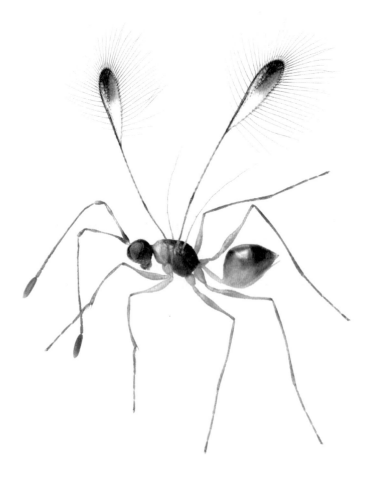

Uma fêmea da Mymar taprobanicum, *uma vespa parasita de ovos de insetos. O tamanho real é menor do que a primeira letra desta legenda.* © *Klaus Bolte.*

15. Ciência como conhecimento universal

Existe apenas uma maneira de compreender o universo e tudo o que há nele, ainda que imperfeitamente, e essa maneira é a ciência. Você pode responder: Não é verdade, também há as ciências sociais e as humanas. Sei disso, é claro, ouvi isso centenas de vezes, e sempre ouvi com atenção. Mas quão diferentes são em suas fundações a ciência natural, as ciências sociais e as humanas? As ciências sociais estão convergindo, geração após geração de acadêmicos, com a biologia, por meio do compartilhamento de métodos e de ideias, e assim reconhecendo cada vez mais as realidades da natureza em última instância biológica de nossa espécie. Certamente que muitos na área de humanas, como se estivessem em um bunker, defendem ferozmente seu isolamento. Raciocínio moral, estética e especialmente as artes criativas são forjados independentemente da visão científica do mundo. As histórias dos relacionamentos humanos na história e nas artes criativas são potencialmente infinitas, como a música tocada apenas por uns poucos instrumentos musicais. No entanto, independentemente de quanto as ciências humanas enriqueçam nossas vidas, não importa quão definitivamente elas defendam o que significa ser humano, elas também limitam o pensamento àquilo que é humano, e é nesse sentido importante que elas estão presas em uma caixa. Por que outra razão é tão difícil até mesmo imaginar a possível natureza e o conteúdo da inteligência extraterrestre?

Especulações sobre outros tipos de mente não são pura fantasia. Pelo contrário, se forem baseados em informações, eles são experimentos mentais. Vamos tentar um. Imagine comigo que os cupins evoluíram para um tamanho grande o suficiente para ter cérebros com uma capacidade igual à dos humanos. Isso pode soar totalmente implausível para você. Insetos têm exoesqueletos que encapsulam seus corpos como uma armadura de cavaleiro. Eles não podem crescer muito mais do que um rato — e um cérebro humano já é maior do que um rato. Mas espere! Permita-me um pouco de flexibilidade no cenário. No Período Carbonífero neste planeta, 360 milhões a 300 milhões de anos atrás, havia libélulas cruzando o ar com asas de quase um metro de comprimento, e milípedes de cerca de um metro e vinte cavando seu caminho pelo subsolo das florestas de carvão. Muitos paleontólogos acreditam que esses monstros podiam existir porque a atmosfera era muito mais rica em oxigênio do que hoje. Isso por si só permitiria uma respiração melhor e um tamanho maior em invertebrados encapsulados em quitina. Além disso, é fácil subestimar a capacidade do cérebro dos insetos. Meu exemplo favorito é dado pela fêmea de uma vespa-fada, pertencente ao grupo taxonômico de vespas parasitas extremamente pequenas, que sai de um ovo de um inseto subaquático em que ela viveu e cresceu. Ela usa suas pernas como remos para nadar até a superfície. Perfura a tensão do filme da superfície da água e anda sobre ele durante um curto período. Então ela voa em busca de um parceiro, copula, volta para a água, perfura novamente a tensão da superfície da água, rema para o fundo, procura até encontrar um ovo do inseto hospedeiro adequado e põe um de seus próprios ovos nele. A fêmea da espécie faz tudo isso com um cérebro quase invisível a olho nu.

Igualmente impressionante, abelhas e algumas espécies de formigas podem lembrar a localização de até cinco lugares em que se encontra comida e a hora do dia em que a comida está disponível. Operárias de um tipo de formiga caçadora africana caminham solitárias pela floresta longe do ninho de sua colônia. Elas circulam e ziguezagueiam durante o percurso. Enquanto viajam, memorizam o padrão das folhagens vistas acima de suas cabeças contra o céu. Ocasionalmente, param e olham para cima para lembrar onde estão: ao caçar um inseto, elas usam esse mapa mental para ir para casa em linha reta.

Como pode um inseto processar tanta informação com um cérebro não muito maior do que o ponto abaixo da interrogação ao fim desta frase? O principal motivo é a forma como o cérebro de inseto — muito mais eficiente por volume de unidade — é construído. Células da glia, que dão apoio às células do cérebro dos animais maiores e as protegem, inclusive no caso de humanos, não existem nos insetos, permitindo que mais células cerebrais sejam colocadas no mesmo espaço. Além disso, cada célula do cérebro do inseto tem muito mais conexões em média com outras células do que ocorre com os vertebrados, permitindo maior comunicação por meio de menos centros distribuidores de informação.

Assim, se eu pelo menos tornei satisfatoriamente plausível para você a existência de insetos de alta inteligência em uma era passada, deixe-me esboçar a moralidade e a estética de uma civilização imaginária de cupins em outro planeta semelhante ao nosso, que baseei em cupins da Terra de hoje, mas maiores e elevados ao nível de inteligência humana. É ficção científica, claro, mas, de maneira diferente de grande parte da ficção científica, é totalmente baseada em ciência confiável.

CIVILIZAÇÃO DE SUPERCUPINS EM UM PLANETA DISTANTE

Imagine, se quiser, uma espécie semelhante a vampiros, que evita a luz do dia, morrendo rapidamente se for exposta a ela. Esses cupins saem para procurar comida apenas se for necessário, e apenas à noite. Eles gostam da escuridão completa, alta umidade e calor constante. Comem material vegetal apodrecido. Alguns também consomem fungos que criam em jardins cobertos por vegetação apodrecida. Como ocorre com algumas espécies de insetos na Terra, apenas o rei e a rainha têm permissão para se reproduzir. A rainha, com seu abdome imensamente inchado de ovários, fica dentro da célula real, fazendo quase nada a não ser comer. Ela põe ovos constantemente, e ocasionalmente acasala com o pequeno rei que permanece ao lado dela. As centenas ou milhares de operários do reino, libertos como padres e freiras humanos do turbilhão sexual, dedicam suas vidas altruisticamente a criar seus irmãos e irmãs. Poucos dos jovens se tornam reis e rainhas virgens, que deixam a colônia, encontram parceiros para si e começam novas colônias. Os operários fazem todas as outras tarefas, incluindo educação, ciência e cultura dessa civilização de supercupins. Muitos dos habitantes são soldados, com grandes músculos e mandíbulas e glândulas pelas quais expelem saliva venenosa, sempre prontos para as batalhas crônicas que irrompem entre as colônias.

A vida é espartana, e qualquer desvio das regras do grupo, qualquer tentativa de se reproduzir ou de atacar os outros, é punido com a morte. Os corpos dos operários que morreram por qualquer motivo são comidos. Os operários que ficam doentes ou se machucam também são comidos. A comunicação é quase toda feita por feromônios, pelos gostos e cheiros de secreções liberadas por glândulas localizadas de alto a baixo em todo o seu corpo, e a fonte de seus sons está na laringe e na boca. Pense na nossa maneira humana neste trecho impressionante do famoso romance *Lolita*, de Vladimir Nabokov: "Lo-li-ta: a ponta da língua fazendo uma viagem de três passos para bater, no três, nos dentes". Imagine então a liberação de feromônios da linha de feromônios em diferentes combinações, diferentes sequências, talvez uma viagem de três etapas em lufadas de feromônios saindo da abertura das glândulas ao longo da lateral do corpo. Música feromônica, traduzida em sons, pode soar bela para nós. Ela pode se desdobrar em melodias, cadências, batidas, crescendo e, com orquestras de supercupins participando, sinfonias, muito mais. Tudo isso seria experimentado por meio do olfato.

A cultura dos supercupins seria assim radicalmente diferente da nossa e extremamente difícil de traduzir. A espécie teria suas ciências cupínicas assim como nós temos nossas ciências humanas. No entanto, a ciência deles seria bastante semelhante; seus princípios e sua matemática poderiam ser comparados sem ambiguidade com os nossos. A tecnologia dos supercupins poderia ser mais ou menos avançada, mas ela também teria evoluído de maneira semelhante.

Nós não gostaríamos desses supercupins, nem, eu suspeito, de qualquer outro alienígena inteligente que encontrássemos. E eles não gostariam de nós. Cada um acharia o outro não só radicalmente diferente nos sentidos e no cérebro, mas moralmente repugnante. Mas, dito isto, nós poderíamos compartilhar nosso conhecimento científico para grande vantagem mútua. E, ah, antes que eu me esqueça de lhe lembrar, você não precisa se envolver em fantasias para vislumbrar culturas ou faunas e floras completas em outro planeta. Na verdade, meus cupins extraterrestres, exceto pela parte da cultura, são baseados em cupins criadores de fungos reais da África.

Maravilhas semelhantes esperam por nossa atenção. A natureza universal do conhecimento científico ainda a ser descoberta inclui quase uma infinidade de surpresas.

Novos tipos de mexilhões e outros organismos novos descobertos em respiradouros hidrotermais nas profundezas do mar em um cume da Dorsal Mesoatlântica. © Abigail Lingford.

16. Procurando novos mundos na Terra

Para fazer descobertas importantes em qualquer área da ciência, é necessário não apenas adquirir um amplo conhecimento do tema que lhe interessa, mas também a capacidade de enxergar lacunas a serem preenchidas nesse conhecimento. Profunda ignorância, quando tratada adequadamente, é também uma soberba oportunidade. A pergunta certa é intelectualmente superior à descoberta da resposta certa. Ao conduzir pesquisas, não é incomum tropeçar em um fenômeno inesperado, que então se torna a resposta para uma pergunta que não havia sido feita anteriormente. Para procurar perguntas nunca feitas, além de perguntas que devem ser feitas para respostas já dadas, mas não buscadas, é vital dar vida plena à imaginação. É esse o caminho para produzir ciência realmente original. Portanto, procure principalmente coisas estranhas, pequenos desvios e fenômenos que parecem triviais de início, mas que examinados mais de perto podem se mostrar importantes. Construa cenários em sua cabeça ao fazer a varredura de informações que estão disponíveis para você. Torne a perplexidade algo útil.

Embora eu tenha falado bastante de biologia até aqui, obviamente por ser um biólogo, fico feliz em enfatizar que outros campos da ciência têm tesouros comparáveis de descoberta. Trabalhei o suficiente com matemáticos e químicos principalmente para saber que a heurística deles — seu processo de fazer descobertas — é bastante semelhante. A química orgânica, por exemplo, em um grau substancial, é constituída de exploração de uma gama quase infinita de moléculas possíveis, da ocorrência dessa quimiodiversidade no mundo natural e por fim das propriedades físicas e combinatórias de cada tipo de molécula. Pense no hidrocarboneto básico CH_4 e aumente a série até C_2, C_3, C_4 e vá além, acrescentando ligações duplas e triplas, e ponha em alguns lugares os radicais S (enxofre), N (nitrogênio), O (oxigênio), e OH (hidroxi-), variando a forma quando possível em fios, ciclos, hélices e dobras puras ou com ramificações. O número de "espécies" de moléculas em potencial aumenta com o peso molecular a uma taxa ainda maior do que a exponencial. Em 2012, conheciam-se 4 milhões de compostos orgânicos, com mais de 100 mil sendo caracterizados a cada ano, ganhando, comparativamente, das 1,9 milhão de espécies biológicas conhecidas e 18 mil novas espécies acrescentadas a cada ano. A maior parte da química orgânica, e dentro dela da química de produtos naturais, consiste no estudo da síntese e das características das moléculas. Dá-se especial atenção àquelas que ocorrem em organismos vivos, onde a química orgânica se torna bioquímica. Virtualmente todos os processos da vida e todas as estruturas vivas não são mais do que a interconexão de moléculas orgânicas. Uma célula é como uma floresta tropical em miniatura, na qual bioquímicos e biólogos moleculares conduzem expedições para encontrar e descrever estrutura orgânica, variedade e função.

A mentalidade dos astrônomos é semelhante. Eles perambulam pela quase infinitude do espaço e do tempo para encontrar e descrever as gamas de galáxias e de sistemas de estrelas, e as formas de energia da matéria dentro de cada um desses sistemas e entre eles. O desenvolvimento da física de partículas tem sido igualmente uma viagem ao desconhecido para explorar os componentes definitivos da matéria e da energia.

Ao longo de 35 potências de grandeza (potências de dez, portanto de grandeza 1, 10, 100, 1000 e assim por diante), de uma partícula subatômica até o universo como um todo, a ciência realiza o empreendimento da imaginação humana aplicada às leis da realidade. Mesmo que nosso intelecto fosse de algum modo limitado apenas à biosfera, a pesquisa científica ainda seria uma aventura infinita de exploração. A vida envolve totalmente a superfície do planeta; não há um metro quadrado que esteja inteiramente livre dela. Há bactérias e fungos microscópicos no topo do monte Everest. Há insetos e aranhas que chegam lá carregados pelas correntes termais; e alguns poucos, inclusive colêmbolos e aranhas saltadoras que os têm como presas, sobrevivem nas encostas próximas ao topo. No extremo oposto da elevação, no fundo das Fossas Marianas no Pacífico Ocidental, 11 mil metros abaixo da superfície do oceano, bactérias e fungos microscópicos florescem e, com eles, peixes e uma variedade surpreendentemente grande de foraminíferos unicelulares.

Por definição, deve haver em algum lugar da Terra um local com a maior variedade de organismos. O Parque Nacional Yasuni, no Equador, que tem uma magnífica floresta tropical entre o rio Napo e o rio Curaray, tem a reputação de ser o lugar biologicamente mais rico da Terra. Mais precisamente, acredita-se que seus 9820 quilômetros quadrados contêm mais espécies de plantas e de animais do que qualquer outra área de terra de área comparável. A lista conhecida de espécies sustenta o argumento: há registro, no parque, de 596 espécies de aves, 150 espécies de anfíbios (mais do que o número de toda a América do Norte), até 100 mil insetos e, crescendo em média a cada hectare de terra, 655 espécies de árvores — quantidade também maior do que a existente em toda a América do Norte. A única dúvida em relação à supremacia de Yasuni é se pode haver algum outro trecho menos explorado das bacias do Amazonas e do Orinoco que revelará ter uma diversidade ainda maior. No mínimo, o Parque Nacional Yasuni está muito perto de ser o exemplo extremo aqui. E fora da região do Amazonas-Orinoco, nada no mundo pode chegar perto disso.

Há ainda outro motivo para prestar atenção, não ainda amplamente reconhecido nem mesmo pelos biólogos: o Parque Nacional Yasuni pode abrigar o maior número de espécies que *jamais* existiu. Ao longo de toda a história da vida, desde a Era Paleozoica, há 544 milhões de anos, o número de espécies de plantas e de animais em todo o mundo tem crescido lentamente. No momento do surgimento do *Homo sapiens* na África e de sua dispersão pelo mundo, que teve início há 60 mil anos, a biodiversidade da Terra provavelmente esteve no seu ápice. Depois disso, extinção após extinção, a atividade humana começou a reduzir esse número, e hoje o ritmo está crescendo. Até este momento, Yasuni vem mantendo a sua biodiversidade, e é por isso que o parque é reconhecido como um tesouro mundial. Nós conhecemos apenas uma fração das espécies de animais, especialmente dos insetos, encontrados no Yasuni, e quase nada da biologia deles. Seria bom conhecer integralmente esse lugar, e outros de biodiversidade semelhante, e vir a compreender o motivo dessa proeminência — antes que isso seja arruinado pela ganância humana.

No extremo oposto, existe na Terra algo que se aproxima da superfície sem vida de Marte. A seu próprio modo, ele também merece ser explorado. O lugar são os Vales Secos de McMurdo, na Antártida. Numa inspeção descuidada, a terra parece tão estéril quanto uma superfície de vidro saída de uma autoclave. Mas a vida está lá, e se trata do mais escasso e mais teimoso de todos os ecossistemas da Terra fora da superfície aberta do gelo polar. Embora haja menor concentração de nitrogênio do que em qualquer outro habitat da Terra, e de a água quase não existir, é surpreendente encontrar bactérias no solo dos Vales Secos de McMurdo. As rochas espalhadas ali parecem sem vida, mas algumas são cortadas por fendas quase invisíveis em que vivem comunidades de liquens. Esses organismos são fungos diminutos que vivem em simbiose com algas verdes. Eles se concentram em camadas que ficam apenas dois milímetros abaixo da superfície das rochas. Na região mais interna, há outros endólitos ("que vivem nas rochas"), como bactérias capazes de fazer sua própria fotossíntese.

Espalhados pelos Vales Secos de McMurdo há riachos e lagos congelados, que contribuem com uma pequena quantidade de umidade para o solo ao redor. A água em forma líquida, que ocorre em forma de gotejamentos e de filetes, abriga pequenas quantidades de animais quase microscópicos: tardígrados, as estranhas criaturas às vezes chamadas de "ursos d'água" que mencionei anteriormente, rotíferos ("animaizinhos de rodas") e, os mais abundantes de todos, os nematoides, também chamados de nematelmintos. Embora mal sejam visíveis a olho nu, os nematoides são os tigres dessa região, o topo da cadeia alimentar nesse mundo quase marciano, e o equivalente aos antílopes de que eles se alimentam são as bactérias do solo. Em alguns poucos lugares também podem ser encontrados alguns raros ácaros e colêmbolos, sendo o último uma forma primitiva de inseto. Ao todo, 67 espécies de insetos foram registradas na soma dos habitats da Antártida, mas apenas algumas poucas vivem livremente. A maioria é de parasitas que vivem dentro da plumagem de aves ou sobre elas e nos pelos de mamíferos.

Enquanto escrevo isso, há muitos outros lugares no planeta em que a exploração biológica apenas começou. As maiores profundezas do oceano, o abismo de eterna escuridão, são compostas de grandes montanhas submersas cortadas por profundos vales não visitados e separadas por vastas planícies. Os cumes de muitas montanhas chegam a sair da água e formam ilhas oceânicas e arquipélagos. Alguns chegam perto da superfície mas permanecem submersos. Esses são os montes submarinos. Seus picos estão revestidos de organismos marinhos, e muitas das espécies só ocorrem naquele local. O número exato de montes submarinos ainda é desconhecido. Ele tem sido estimado na casa das centenas de milhares. Imagine o tamanho da ignorância humana! Abaixo da superfície dos oceanos e dos mares, que cobrem 70% da superfície da Terra, existe um número incontável de mundos perdidos. A exploração completa desses lugares ocupará gerações de exploradores de todas as disciplinas da ciência.

A vida sobre a Terra permanece tão pouco conhecida que você pode ser um explorador científico sem ter de sair de casa. Nós mal começamos a mapear a biodiversidade da Terra em qualquer um dos níveis, desde as moléculas até os organismos, até os nichos de um ecossistema. Pense nos seguintes números de espécies conhecidas e desconhecidas entre os diferentes grupos taxonômicos de organismos ao redor do mundo. Por causa deles eu gosto de chamar a Terra de um planeta pouco conhecido. Os dados foram extraídos de pesquisas globais feitas a pedido do governo australiano em 2009.

Organismo	Número de espécies na Terra conhecido pela ciência	Número estimado de espécies na Terra em 2009, conhecidas ou desconhecidas
Plantas	298 mil	391 mil
Fungos	99 mil	1,5 milhão
Insetos	1 milhão	5 milhões

Aranhas e outros aracnídeos	102 mil	600 mil
Moluscos	85 mil	200 mil
Nematoides (lombrigas)	25 mil	500 mil
Mamíferos	5487	5500
Pássaros	9990	10 mil
Anfíbios (sapos etc.)	6500	15 mil
Peixes	31 mil	40 mil

O número total estimado de espécies que em 2009 ainda estavam por ser descobertas, descritas e que não tinham um nome formal latinizado em todo o mundo era de 1,9 milhão. O número verdadeiro, tanto de espécies descobertas quanto de espécies por descobrir, pode facilmente passar de 10 milhões. Se forem acrescentadas as bactérias unicelulares e as arqueias, os menos conhecidos de todos os organismos, o número pode bem passar de 100 milhões. Cinco mil quilos de solo fértil contêm, segundo uma estimativa, 3 milhões de espécies, quase todas desconhecidas da ciência.

Por que os cientistas não fizeram mais progresso na exploração do mundo de bactérias e arqueias? (As arqueias são um importante grupo de organismos unicelulares que no exterior lembram bactérias, mas que têm um DNA muito diferente.) Um motivo para a nossa ignorância é que ainda não há uma definição satisfatória de "espécie" no caso desses organismos. Um motivo ainda mais importante é que os diferentes tipos de bactérias e de arqueias exigem ambientes muito distintos para crescerem e consomem alimentos muito diferentes. Os microbiólogos ainda não aprenderam a criar culturas da maior parte das bactérias e das arqueias para produzir número suficiente de células para estudo científico. Com o advento do sequenciamento rápido de DNA, no entanto, o código genético de uma cepa pode ser determinado com apenas algumas células. Como resultado, a exploração da diversidade das espécies aumentou dramaticamente.

Ao citar esses números impressionantes sobre biodiversidade, não estou sugerindo que você faça planos de se tornar um taxonomista — embora agora e ainda por muitos anos essa não seja uma má escolha. Ao invés disso, quero ressaltar quão pouco conhecemos a vida neste planeta. Quando também levamos em conta que as espécies são apenas um nível na hierarquia das organizações biológicas, indo das moléculas ao ecossistema, então o imenso potencial da biologia, e de toda a física e da química relevantes para a biologia, se torna imediatamente aparente.

Se os cientistas conhecem tão pouco da pura diversidade biológica no nível taxonômico, conhecemos ainda menos sobre os ciclos de vida, a fisiologia e os nichos de cada espécie. E, exceto por algumas poucas localidades em que os biólogos de várias especialidades concentraram seus esforços, somos igualmente ignorantes sobre como as características idiossincráticas das espécies se combinam para criar ecossistemas. Pense um pouco nestas questões: como os ecossistemas de lagos, cumes de montanhas, desertos e florestas tropicais realmente funcionam? O que os mantém unidos? Sob quais pressões eles às vezes se desintegram, e como, e por quê? Na verdade, muitos estão desmoronando. A sobrevivência da humanidade no longo prazo depende de obter respostas para essas e para muitas outras perguntas relacionadas ao planeta onde moramos. O tempo está passando. Precisamos de um esforço científico maior, e de muito mais cientistas em todas as disciplinas. Agora, vou me referir ao que disse quando comecei estas cartas: você é necessário.

A fêmea da mariposa-cigana, localizada no ponto mais baixo do espaço ativo, libera uma nuvem de feromônios dentro da qual fica uma região de alta concentração seguida pelo macho. Desenho de Tom Prentiss (mariposas) e Dan Todd (espaço ativo do atrativo sexual © Scientific American). Modificado a partir de Edward O. Wilson, "Pheromones". Scientific American, v. 208, n. 5, maio 1963, pp. 100-14.

17. Construindo teorias

O melhor modo para que eu explique a natureza das teorias científicas não é com generalizações abstratas, mas dando exemplos do processo real de como uma teoria é construída. E, como essa parte da ciência é o resultado de operações mentais criativas e idiossincráticas que raramente são descritas, ficarei o mais perto de casa possível, usando dois desses episódios em que estive pessoalmente envolvido.

O primeiro é a teoria da comunicação química. A imensa maioria das plantas, dos animais e dos microrganismos se comunica por meio de compostos químicos, chamados de feromônios, que são absorvidos pelo olfato ou pelo paladar. Entre os poucos organismos que usam a visão e o som como fonte principal de comunicação estão os humanos, os pássaros, as borboletas e os peixes que vivem em recifes. Trabalhando com o comportamento social das formigas nos anos 1950, aprendi que esses insetos altamente sociais usam uma variedade de substâncias que são liberadas por partes diferentes de seus corpos. As informações que elas transmitem estão entre as mais complexas e precisas encontradas no reino animal.

À medida que começaram a chegar novas informações, aqueles dentre nós que estavam conduzindo as primeiras pesquisas vimos que precisávamos de um modo de reunir os dados fragmentados e de dar sentido a eles. Em resumo, precisávamos de uma teoria geral da comunicação química.

Tive uma tremenda sorte durante esse primeiro período de ser coorientador de William H. Bossert, um brilhante matemático que estava trabalhando em um doutorado sobre biologia teórica. Depois de cumprir seus créditos em 1963, ele foi convidado a integrar o corpo docente de Harvard, e pouco tempo depois ocupou uma vaga permanente como professor de matemática aplicada. Quando ainda era estudante de graduação, ele trabalhou comigo na criação de uma teoria da comunicação por feromônios. Era o momento certo para aquele trabalho, e fomos bem-sucedidos. Em nenhuma outra ocasião da minha carreira científica um projeto funcionou tão rapidamente e tão bem quanto aquela colaboração com Bill Bossert.

Para dar o pontapé inicial, eu disse a ele o que sabia sobre o novo tema. Descrevi as propriedades básicas da comunicação química da maneira como eu a entendia. Não havia muita informação para repassar nessa primeira fase. Contei que a partir de estudos de campo e de laboratório nós sabíamos que havia uma grande variedade de feromônios. Parecia lógico que devíamos começar com uma classificação dos papéis de todos os feromônios que eram conhecidos, depois tentar entender cada um deles. A teoria devia lidar não apenas com a forma e a função das moléculas de feromônios, o que era o objetivo da maior parte dos pesquisadores, mas também abranger sua evolução. Dito de maneira simples, nós queríamos saber o que são os feromônios e como eles funcionam, é claro, mas também *por que* eles são um tipo de molécula e não outro.

Antes de contar sobre a teoria, eis aqui alguns "por ques" que queríamos explicar. A molécula de feromônio é usada da melhor maneira possível, ou ela foi escolhida de maneira aleatória durante a evolução dentro de uma gama de opções disponível para essa função? Qual seria a "aparência" das mensagens de feromônios se você tivesse como vê-las se espalhando pelo espaço? O animal precisa liberar uma grande quantidade de feromônio ou apenas uma pequena quantidade em cada mensagem? Qual a distância que uma molécula de feromônio pode viajar, e a que velocidade, no ar ou na água, e por quê?

Aqui, então, bem resumida, vai a teoria. *Cada tipo de mensagem de feromônio foi projetada pela seleção natural — ou seja, por mutações de tentativa e erro que ocorrem ao longo de muitas gerações, resultando no predomínio das melhores moléculas, com a forma mais eficiente de transmissão permitida pelo ambiente.* Suponha que uma população de formigas seja originada de duas colônias de formigas que competem entre si. A primeira colônia produz um tipo de moléculas e as libera de uma certa maneira, e a segunda colônia produz outro tipo de molécula que é menos eficiente, ou que é liberada de uma maneira menos eficiente, ou ambas as coisas. A primeira colônia vai se sair melhor do que a segunda, e como consequência vai produzir mais colônias filhas. Na população de colônias como um todo, os descendentes da primeira colônia se tornaram predominantes. Ocorreu uma evolução nos feromônios, ou no modo como eles são usados, ou ambas as coisas.

Bossert e eu concordamos: "Vamos pensar nas formigas e em outros organismos que usam feromônios como se fossem engenheiros". Essa ideia nos levou rapidamente a formigas que recrutassem outras formigas deixando uma trilha para que elas as seguissem. Assim, no próximo piquenique (ou no chão de sua cozinha, se a casa tiver uma infestação), deixe cair uma migalha de bolo. Faz sentido supor que a formiga exploradora que encontrar a migalha precisa liberar a trilha de feromônio lentamente para fazer com que a quantidade de substância que ela armazena em seu corpo dure bastante. O pedaço de bolo pode estar a milhas de distância, no equivalente das formigas. Nessa função, a formiga é como um motor de um automóvel projetado para fazer vários quilômetros por litro de combustível. Para conseguir essa eficiência, o feromônio precisa (em teoria) ter um odor poderoso para as formigas que seguem a trilha. Umas poucas moléculas devem ser suficientes. Além disso, o feromônio deve ser específico da espécie que o usa, para garantir privacidade. Seria ruim para a colônia se formigas de outras espécies pudessem rastrear a trilha, e pode ser até mesmo perigoso para a colônia se um lagarto ou se algum outro tipo de predador puder seguir a trilha e encontrar o ninho. Por fim, a substância usada na trilha deve evaporar lentamente. Ela deve durar o suficiente para que outros membros da colônia a encontrem e a sigam até o fim, e comecem a deixar suas próprias trilhas.

Há também as substâncias de alerta. Quando uma formiga operária ou outro inseto social é atacado por um inimigo, seja dentro ou fora do ninho, ele precisa ser capaz de "gritar" em alto e bom som para conseguir uma resposta rápida. Portanto o feromônio deve se espalhar rápida e continuamente por uma longa distância. Mas ele também deve desaparecer rapidamente. Caso contrário, mesmo pequenos inconvenientes, se forem frequentes, resultariam num constante pandemônio — como um alarme de incêndio que nunca é desligado. Ao mesmo tempo, ao contrário do que ocorre no caso das substâncias usadas para construir trilhas, não há necessidade de privacidade. Um inimigo terá pouco a ganhar ao se aproximar de um local onde há um turbilhão de formigas operárias agressivas e em estado de alerta.

Deixe-me parar neste ponto para descrever uma maneira fácil de você mesmo sentir um alarme de feromônio. Pegue, com um lenço ou outro tecido, uma abelha que está em uma flor.

Aperte o lenço amarrotado suavemente. A abelha vai aferroar o pano, e ao se afastar deixará para trás o ferrão (que tem farpas invertidas) no pano. Quando isso acontece, o ferrão imóvel puxa para fora parte dos órgãos internos da abelha. Deixe que a abelha vá embora, e então esmague o ferrão e os órgãos usando dois dedos. Você sentirá um odor que parece essência de banana. A fonte desse cheiro é uma mistura de acetatos e de alcoóis em uma pequena glândula localizada ao longo do eixo do ferrão. Essas substâncias funcionam como um sinal de alarme, e elas são o motivo pelo qual outras abelhas correm para o mesmo local e usam os seus próprios ferrões. A seguir, se a abelha eviscerada não tiver voado para longe, esmague a cabeça dela e sinta o cheiro. O odor ácido que você vai detectar é de uma segunda substância de alarme, o 2-heptanona, liberada por glândulas na base da mandíbula. (Não se sinta mal por matar uma abelha-operária. O tempo de vida de uma abelha adulta é de cerca de um mês, e ela é apenas uma entre as dezenas de milhares que compõem uma colônia. A colônia por sua vez é potencialmente imortal, já que novas rainhas-mães substituem as velhas a intervalos regulares.)

A próxima categoria de feromônios é a dos atrativos, especialmente os feromônios sexuais, pelos quais as fêmeas atraem os machos para o acasalamento. O fenômeno é comum não apenas entre insetos sociais, mas também em todo o reino animal. Entre os outros atrativos há o perfume das plantas que estão em florada, pelos quais as flores atraem as borboletas, as abelhas e outros polinizadores. As substâncias mais dramáticas desse tipo são os atrativos sexuais das mariposas fêmeas, que podem fazer com que os machos voem contra o vento por até um quilômetro ou mais.

Por fim, Bossert e eu imaginamos em nossa classificação inicial, há as substâncias de identificação. Uma formiga, ao cheirar essas substâncias, pode dizer se outra formiga é da mesma colônia ou de outra. Ela também pode identificar um soldado, uma rainha operária comum, um ovo, uma pupa ou larva, e, se for o último caso, a sua idade. Carregar um distintivo químico desse gênero com você o tempo todo é como usar o feromônio como uma segunda pele. Um feromônio de identidade é uma substância única ou, o que é mais provável, uma mistura de substâncias. Ele deve evaporar muito lentamente e ser detectável apenas muito de perto. Se você observar de perto uma formiga ou outro inseto social se aproximar de outro, digamos que enquanto estão correndo por uma trilha ou entrando em um ninho, você verá os dois vasculharem o corpo um do outro com suas duas antenas — um movimento quase rápido demais para que o olho consiga perceber. Eles estão conferindo o odor corporal. Se detectarem o mesmo odor, cada um passa pelo outro e segue em frente. Se o odor corporal for diferente, ou eles vão lutar ou fugir um do outro.

Ao chegar a esse ponto de nossa investigação, Bossert e eu deixamos de lado o método da "engenharia adaptativa" da biologia e passamos para a biofísica. Precisávamos compreender a dispersão das moléculas de feromônio que deixavam o corpo do animal que as estava liberando, e da maneira mais precisa possível. Obviamente, à medida que a nuvem de feromônio se dispersa, a sua intensidade diminui — haverá cada vez menos moléculas a cada milímetro cúbico de espaço. Finalmente haverá muito poucas moléculas para que alguém possa segui-las usando o olfato ou o paladar. Bossert então imaginou uma ideia crucial de "espaço ativo", dentro do qual as moléculas são densas o suficiente para que possam ser detectadas pelas plantas, pelos animais ou pelos organismos que as estiverem recebendo. Ele construiu modelos (finalmente, um lugar para a matemática pura!) para prever a forma do espaço ativo. Nós agora estávamos em uma nova fase da criação da teoria da comunicação por feromônios.

Se a formiga ou algum outro organismo que estiver liberando feromônios estiver imóvel no solo com o ar parado, a forma do espaço ativo será hemisférica — metade de uma esfera — com o emissor no centro da superfície plana. Quando um organismo libera o feromônio de uma folha ou objeto longe do solo e em correntes de ar, a forma do espaço ativo será um elipsoide (grosso modo, com o formato de uma bola de futebol americano), se afunilando até se reduzir a apenas um ponto em cada extremidade. O emissor estará em uma das pontas, liberando o feromônio na direção do vento. Quando uma trilha é liberada sobre o solo em quantidade suficiente para que seja detectada por um longo período de tempo, o espaço se torna um semielipsoide muito longo, em outras palavras, um elipsoide cortado longitudinalmente ao meio na altura do solo.

A seguir voltamos nossa atenção para o modo como a própria molécula é projetada. As substâncias usadas para fazer trilhas e para identificação devem ser compostas, nós imaginamos, ou de moléculas relativamente grandes ou de misturas de moléculas grandes. Elas devem se espalhar lentamente. Moléculas de feromônios de alerta devem ser escolhidas na evolução para ter tamanho menor. Elas devem formar um espaço ativo mais limitado e se dissipar rapidamente. As características do espaço ativo dependem de cinco variáveis que podem ser medidas: a taxa de difusão da substância, a temperatura do ar ao redor, a velocidade do vento, a taxa a que o feromônio é liberado e o grau de sensibilidade do organismo que o está recebendo. Com essas quantidades mensuráveis, a teoria começou a tomar forma de um modo que podia ser levada para o campo e para o laboratório, e aplicada em animais de estudo enquanto eles se comunicam.

Então, deixamos a biofísica de lado momentaneamente e entramos no reino da química de produtos naturais para estudar a natureza das moléculas dos feromônios. É a mesma química usada amplamente na indústria farmacêutica e na pesquisa industrial. Nós tivemos a sorte de ter havido um grande avanço na análise de moléculas, que fez com que essa parte do estudo de feromônios estivesse a nosso alcance. No final dos anos 1950, a nova técnica da cromatografia a gás combinada com a espectrometria de massa tornou possível a identificação de substâncias em quantidades que podiam ser de apenas um milionésimo de um grama, ou menos. Enquanto anteriormente os químicos precisavam de milésimos de um grama de substância pura para fazer o trabalho, agora eles precisavam apenas de milésimos de um milésimo. A técnica tinha permitido a detecção de vestígios de substâncias, incluindo poluentes tóxicos, no ambiente. Junto com o sequenciamento de DNA (que também exige apenas uma gota de sangue ou o material coletado de uma taça de vinho), essa técnica também logo transformou a medicina forense. Para nós e para outros pesquisadores, isso tornou possível a identificação de feromônios que um único inseto carregava em seu corpo. Uma formiga normalmente pesa algo entre um e dez miligramas. Se um feromônio específico tem apenas um milésimo ou mesmo um milionésimo de seu peso corporal, ainda assim é possível que os pesquisadores obtenham sucesso na caracterização da molécula. Os químicos com quem trabalhei tinham centenas de milhares de formigas. Isso não era nenhum grande feito — só é preciso ter uma pá e um balde —, e essa é uma das grandes vantagens de trabalhar com formigas. Tornou-se possível não apenas isolar feromônios para teste, mas também obter material suficiente para fazer bioensaios — testar o material em colônias vivas para ver se ele causa aquilo que a teoria sugere ser a resposta correta.

Em um estágio inicial da pesquisa com feromônios, um bioquímico, meu amigo John Law, e eu tentamos identificar a substância de construção de trilhas usada pela formiga-de-fogo, que naquela época havia se transformado em uma das pragas de insetos mais nocivas na América do Sul. Imaginamos que para obter bastante feromônio nós devíamos coletar dezenas de milhares ou mesmo centenas de milhares de formigas para a extração da substância crítica. Isso parecia quase impraticável, porque cada colônia de formigas-lava-pés tem até 200 mil operárias. E eu casualmente sabia uma maneira de reunir essa quantidade de formigas rápida e eficientemente. As formigas-de-fogo, sendo nativas de áreas de inundação na América do Sul, têm uma maneira única de evitar a subida de água. Quando percebem a aproximação de uma enchente no entorno e abaixo delas, elas vão para a superfície do ninho, levando com elas todas as jovens da colônia — os ovos, as larvas e as pupas — ao mesmo tempo que também empurram a rainha-mãe para cima. Quando a água chega às câmaras do ninho, as operárias formam uma balsa com seus corpos. Então toda a massa da colônia flutua em segurança pela corrente. Quando as formigas entram em contato com a terra firme, elas dissolvem sua arca viva e cavam um novo ninho.

Tive a ideia de que, se nós simplesmente escavássemos ninhos e jogássemos as formigas e a terra perto de poças de água, a colônia subiria até a superfície e se uniria em uma jangada construída puramente de formigas, enquanto a terra afundaria. Tentamos usar esse método rústico em estradas perto de Jacksonville, na Flórida, e funcionou. Voltamos com as 100 mil formigas operárias que eram necessárias (estimadas grosseiramente, não contadas!) e com minhas mãos cobertas de vergões causados pelas picadas das formigas furiosas.

De volta ao laboratório de Law em Harvard, a busca pelo feromônio de trilha das formigas-lava-pés de início andou bem. A substância crucial parecia ser uma molécula relativamente simples — um terpeno — e toda a sua estrutura molecular parecia compreensível. Então veio a frustração, e um mistério. À medida que os químicos tentavam purificar a substância para caracterizá-la definitivamente e que nós passamos a fazer ensaios com as reações que elas produziam criando trilhas artificiais no laboratório, a resposta obtida para a fração que supostamente continha o feromônio ficava cada vez mais fraca. Será que o feromônio era um composto instável? Imaginando que havia uma boa possibilidade de esse ser o caso, e concluindo que a substância provavelmente não poderia ser identificada com o equipamento e o material disponíveis, desistimos. Para ajudar outros a tentarem, nós publicamos uma nota na revista científica *Nature* — um dos poucos artigos aceitos até hoje que relatava um experimento fracassado.

Anos mais tarde, Robert K. Vander Meer, um químico de produtos naturais que trabalhava com feromônios de formigas-lava-pés na Flórida, descobriu o motivo de nosso fracasso. A substância usada nas trilhas, conforme ficou demonstrado, não é um único feromônio, mas um composto de feromônios, todos liberados por meio do ferrão no solo. Um deles atrai as colegas de ninho para a trilha, outro as excita e as leva a entrar em atividade, e um terceiro as guia pelo espaço ativo criado pelos veios de produtos químicos em evaporação. É preciso que todos os componentes estejam presentes para obter a resposta completa em uma formiga-lava-pés operária vista no campo e no laboratório. Ao não perceber essa complexidade, e portanto visando apenas um dos componentes, nós falhamos em identificar qualquer um deles.

Nos anos 1960 e 1970, a pesquisa sobre feromônios se aprofundou e se expandiu, tornando-se uma parte importante da nova disciplina da ecologia química. Pesquisadores decifraram com precisão cada vez maior códigos de feromônios de colônias de formigas e de abelhas que acabaram se revelando complexos. Nossa teoria da engenharia por meio de seleção natural se saiu bem ao ser testada. No entanto, reconhecendo que estávamos lidando com biologia e com eventos independentes de seleção natural, as correlações que propusemos se mostraram apenas parcialmente corretas. Encontraram-se certas exceções estranhas e idiossincráticas, algumas das quais ainda hoje precisam de novas teorias e de mais testes.

Os ecossistemas, com seus complexos ricos de plantas, animais, fungos e microrganismos em interação, passaram a ser vistos de uma nova maneira, e as teorias que orientam a ecologia foram modificadas em função disso. Havia um mundo sensorial diferente para ser compreendido, e que era totalmente invisível para os sentidos humanos da visão e da audição. Os sinais estão no ar, espalhados pelo solo, embaixo da terra e em poças de água. Eles formam uma rede de odores e perfumes, um alvoroçar de vozes não ouvidas por nós que podem estar informando, ameaçando ou convocando: Veja quem eu sou enquanto me aproximo, sou um membro de sua colônia. Descobri uma exploradora inimiga, agora corra, venha comigo. Sou uma planta cujas flores se abriram esta noite e esperarei aqui por você, venha comigo para se alimentar de pólen e de néctar. Sou uma mariposa da cecrópia fêmea chamando, portanto, se você é uma mariposa da cecrópia macho, siga o perfume que o vento está enviando, venha até mim. Sou um jaguar macho, sozinho em meu território, se você detectou esse cheiro, você está invadindo meu território, vá embora, saia já.

Por meio da ciência e da tecnologia nós entramos neste mundo, mas apenas começamos a explorá-lo. Apenas quando ele se tornar mais conhecido, obteremos uma parte do conhecimento necessário para compreender como os ecossistemas são formados e, a partir disso, entender como salvá-los.

Agora espero que você perceba como as teorias são feitas e como elas funcionam. O processo pode ser confuso, mas o produto pode ser verdadeiro e belo. À medida que a quantidade de informação factual sobre o tema cresce — nesse caso, sobre a comunicação química —, nós sonhamos sobre o significado daquilo. Fazemos proposições sobre como os fenômenos que descobrimos funcionam e sobre como eles vieram a existir. Encontramos modos de testar essas várias hipóteses. Procuramos um padrão que surja quando colocamos as partes juntas, como num quebra-

-cabeças. Se encontramos esse padrão, ele se torna uma teoria funcional — nós a usamos para pensar novos tipos de investigação, para levar o assunto como um todo adiante. Se essa extensão não funciona muito bem e os fatos parecem contradizer a teoria, nós a adaptamos. Quando as coisas vão realmente mal, nós jogamos fora a teoria e criamos uma nova. A cada um desses passos, a ciência chega mais perto da verdade — às vezes rapidamente, às vezes lentamente. Mas sempre mais perto.

Mamutes-lanosos, uma espécie hoje extinta da fauna da Laurásia. Modificado a partir de pintura original. © Biblioteca de Imagens do Museu de História Natural, Londres.

18. Teoria biológica em grande escala

Meu segundo exemplo do desenvolvimento de uma teoria vem da biogeografia, a ciência que explica a distribuição das plantas e dos animais. Por seu alcance global tanto no que diz respeito ao espaço quanto no que diz respeito ao tempo, a biogeografia é a disciplina última da biologia — no mesmo sentido em que a astronomia é a disciplina última das ciências físicas. Quando o mapeamento das espécies ao redor do mundo se soma ao estudo de como elas chegaram aos locais em que estão, a biogeografia atinge uma nobreza grandiosa. Pelo menos foi isso que eu senti quando, como universitário, no final da adolescência, saí dos meus estudos de história natural descritiva e passei a estudar os processos da evolução. Aprendi a perguntar: que tipo de processo cria a biodiversidade? Que outro tipo espalha as espécies, levando-as para seus nichos geográficos atuais? Nenhuma dessas coisas ocorre aleatoriamente, eu li. Ambas são o resultado de causas e efeitos compreensíveis. Eu já estava totalmente dedicado ao projeto de fazer carreira na história natural, como um expert em insetos. Um entomologista trabalhando para o governo, talvez, ou um guarda-florestal, ou um professor. Agora eu vibrava. Eu também poderia ser um cientista de verdade!

A minha primeira revelação veio da síntese evolutiva moderna. Construída principalmente nos anos 1930 e 1940, ela unia a teoria darwinista original da evolução por seleção natural aos avanços que estavam sendo feitos nas modernas disciplinas da genética, da taxonomia, da citologia, da paleontologia e da ecologia. Eu estava especialmente impressionado com a síntese de Ernst Mayr, *Systematics and the Origin of Species*, de 1942, que pude imediatamente aplicar ao meu conhecimento de taxonomia, a classificação sistemática dos organismos. Suponha que você estivesse trabalhando em um assunto específico, digamos as cores das pedras preciosas ou o gosto dos vinhos, e que você encontrasse uma obra teórica que parecesse dar sentido a tudo o que você já sabia. Você teria o mesmo tipo de experiência transformadora.

Mais tarde, como estudante de graduação de Harvard, descobri uma obra impressionante sobre a teoria da biogeografia apenas ocasionalmente percebida por cientistas anteriormente: "Climate and Evolution", de William Diller Matthew, publicado em uma edição de 1915 dos *Anais da Academia de Ciências de Nova York*. Nesse trabalho, o eminente paleontólogo de vertebrados, que trabalhou como curador de mamíferos do Museu Americano de História Natural, localizado em Nova York, propunha um amplo esquema para explicar a origem e a propagação dos mamíferos pelo mundo. Os tipos de mamíferos destinados a ser dominantes se originaram, segundo ele, na grande massa de terras da Eurásia da zona temperada do norte, o que grosso modo vai da Inglaterra até o Japão nos dias de hoje. Sendo comparativamente superiores, eles eliminaram grupos mais velhos, antes dominantes, que haviam ocupado os mesmos nichos. Os primeiros dominadores não foram completamente extintos, contudo. Eles continuaram prosperando em áreas que ainda não haviam sido colonizadas pelos recém-chegados. Pense na grande área de terras ao norte formada por Europa, norte da Ásia e América do Norte como se fosse o eixo de uma roda. Ao sul, dizia Matthew, da Ásia tropical à África, à Austrália e às Américas Central e do Sul, estão os raios da roda. Os dominantes se originaram no eixo e se espalharam ao longo dos aros. Na época de sua descrição, a teoria de Matthew parecia ser compatível com os fatos.

Os grupos dominantes do norte, Matthew prosseguia, são superiores porque eles evoluíram em climas severos com estações bastante definidas, que exigiam uma grande resistência e uma capacidade de se adaptar a mudanças. Entre os vencedores mais recentes estavam animais familiares a todos os eurasianos e norte-americanos: camundongos e ratos (família taxonômica Murdae), cervos (Cervidae), gado (Bovidae), doninhas (Mustelidae) e, é claro, nós (Hominidae). Entre os antigos dominantes, hoje confinados aos aros sulinos, estão os rinocerontes (Rhinoceratidae), elefantes (Elephantidae) e primatas, excluído o homem.

Certo ou errado, e de acordo com os indícios disponíveis na época de Matthew isso parecia certo (embora hoje pareça muito menos certo), eu via a teoria como sendo a pré-história em uma escala global. Era a biologia elevada ao máximo em termos de espaço e tempo. E era história natural científica, o tema que eu havia escolhido!

Em 1948, Philip J. Darlington, a quem anos mais tarde eu sucederia como curador de insetos no Museu de Zoologia Comparativa de Harvard, apresentou uma história diferente para os répteis, os anfíbios e para peixes de água doce, não menos importante do que a teoria de Matthew para os mamíferos. Esses vertebrados de sangue frio, ele dizia, não surgiram na zona temperada do norte, como suposto por Matthew para o caso dos animais de sangue quente, mas nas vastas florestas tropicais e nas planícies que em certo período cobriram a maior parte da Europa, o norte da África e a Ásia. Eles então se espalharam para o sul, rumo a continentes periféricos, que tinham muito menos diversidade de espécies, e rumo ao norte, entrando na zona temperada do norte. Também parecia, olhando para a nova leva de pesquisa de fósseis, que a humanidade não havia surgido na Eurásia, mas nas savanas tropicais da África.

Eu fui criado, por assim dizer, mais à base de Darlington do que à base de Matthew, mas achava que Matthew estava certo a respeito de um ponto importante. Realmente havia um padrão global de grupos dominantes surgindo nas partes grandes e ecologicamente diversificadas das áreas de terra do planeta.

Então surgiu a teoria igualmente importante da fauna da Laurásia, cuja existência dava sustentação a todo o assunto desenvolvido tanto por Matthew quanto por Darlington. Por dezenas de milhões de anos a América do Sul esteve isolada da América do Norte por uma ampla faixa de mar que mantinha submerso o atual istmo do Panamá, conectando assim o Oceano Pacífico ao mar do Caribe e isolando os continentes dos dois lados. Os mamíferos, exceto pelos morcegos, não podiam como regra atravessar a ampla faixa de oceano. Como resultado, os mamíferos da América do Sul evoluíram de maneira independente daqueles da América do Norte. Mas as duas faunas convergiram em aparência exterior e nos nichos que ocuparam. No norte havia cavalos, no sul havia litopternos semelhantes a cavalos. Os rinocerontes e os hipopótamos do norte tinham duplos, grosso modo, nos toxodontes da América do Sul, e as antas e elefantes do norte tinham duplos respectivamente nos astrapotérios e pirotérios do sul. Musaranhos, doninhas, gatos e cachorros eram igualados em vários graus pelos diversos membros da família Borhyaenidae da América do Sul. Os temíveis tigres dente-de-sabre da América do Norte se assemelhavam na aparência geral a um equivalente na América do Sul, embora eles permanecessem bastante diferentes em outro sentido: o dente-de-sabre do norte era placentário (feto carregado no útero ao longo da gestação) e o sul-americano era um marsupial (feto levado em uma bolsa exterior em parte da gestação). Essa convergência evolucionária foi a maior que o mundo jamais viu. Imagine que pudéssemos viajar no tempo para a América do Sul como ela era 10 milhões de anos atrás e fazer um safári por suas savanas, mais ou menos como os turistas fazem hoje no leste da África:

> Digamos que nós estamos nessa época à beira de um lago, logo cedo em uma manhã de sol, correndo o olhar lentamente até completar um círculo inteiro. A vegetação se parece muito com a da savana moderna. Na água, uma manada de animais semelhantes a rinocerontes passeia com a barriga imersa em meio a plantas aquáticas. Na margem, algo que lembra uma grande doninha arrasta um camundongo de aparência esquisita para uns arbustos e desaparece em um buraco. Uma criatura vagamente semelhante a uma anta observa imóvel à sombra de um bosque próximo. Numa área de grama alta, um animal grande, parecido com um gato, repentinamente ataca um grupo de — quê? — animais que não são exatamente cavalos. Sua boca se escancara quase 180 graus, com caninos afiados como facas se projetando para a frente. Os animais parecidos com cavalos entram em pânico e fogem em todas as direções. Um cai, e...

Esse reino independente de vida selvagem desapareceu mais de 1 milhão de anos atrás, bem antes da chegada de seres humanos, ao mesmo tempo que seus equivalentes da América do Norte persistiram quase intactos até apenas cerca de 10 mil anos atrás, depois de caçadores humanos habilidosos terem chegado e começado a se espalhar pelo continente. Cada um pareceu ter encontrado um equilíbrio dentro de seu próprio domínio. Por que, então, o reino do sul entrou em declínio ao mesmo tempo que o do norte sobreviveu?

Essa disparidade óbvia na sobrevivência levou os biogeógrafos a uma questão interessante implícita no equilíbrio da natureza: o que acontece quando duas dinastias completamente desenvolvidas e bastante semelhantes se encontram? Se fosse possível brincar de Deus tendo como esperar e fazer observações durante o equivalente a eras geológicas, o experimento ideal seria este: deixe duas partes isoladas do mundo se desenvolverem com irradiações adaptativas de plantas e de animais, de modo que a maioria das espécies em cada cenário tenha equivalentes ecológicos próximos no outro cenário; então ligue as duas regiões por meio de uma ponte e veja o que acontece. Quando os organismos se misturam, será que os de um cenário vão substituir os do outro, de modo que uma única fauna e flora venham a ocupar toda a área?

O grande experimento foi na verdade realizado uma vez em uma era geológica recente, e nós podemos deduzir muito sobre o que aconteceu comparando fósseis e espécies vivas. Dois milhões e meio de anos atrás, o istmo do Panamá emergiu do mar, fazendo uma ponte sobre a antiga ligação entre o Pacífico e o mar do Caribe e permitindo que os mamíferos da América do Sul se misturassem com os mamíferos das Américas do Norte e Central. Espécies de cada continente se espalharam pelo outro continente.

A mudança na biodiversidade que ocorreu pode ser mais bem medida no nível taxonômico da família. Exemplos de famílias de mamíferos são os Felidae, ou gatos; Canidae, cães e seus parentes; Muridae, o camundongo comum e os ratos; e, é claro, Hominidae, os seres humanos. O número de famílias de mamíferos na América do Sul antes do intercâmbio era 32. Ele chegou a 39 logo após a conexão do istmo do Panamá, e depois diminuiu gradualmente até o número atual de 35. A história da fauna da América do Norte foi bastante comparável: cerca de trinta famílias antes do intercâmbio, subindo para 35 e diminuindo para 33. O número de famílias que cruzou o istmo foi mais ou menos o mesmo dos dois lados.

Quando toda essa informação foi reunida, estava armado o palco para outro tipo de teoria. Quando biólogos veem um número subir depois de uma perturbação e então cair de novo ao nível original, seja a temperatura do corpo, a densidade de bactérias em um tubo de ensaio ou a diversidade biológica em um continente, eles suspeitam que existe um equilíbrio no sistema. A restauração do número de famílias de mamíferos tanto na América do Norte quanto na América do Sul aponta para a existência desse equilíbrio na natureza. Em outras palavras, parece haver um limite para a diversidade, no sentido de que dois grupos grandes muito semelhantes não podem coexistir em sua condição plenamente irradiada. Um exame mais de perto dos equivalentes ecológicos em ambos os continentes, habitantes do mesmo nicho amplo, reforça essa conclusão. Na América do Sul, grandes gatos marsupiais e predadores marsupiais menores foram substituídos por seus equivalentes placentários. Toxodontes cederam espaço para antas e cervos. Apesar disso, alguns animais especializados incomuns — os coringas — conseguiram sobreviver. Tamanduás, preguiças e macacos continuam a prosperar hoje na América do Sul, ao mesmo tempo que tatus não apenas são abundantes na região tropical da América como também são representados por uma espécie que expandiu seu alcance até o sul dos Estados Unidos.

Em geral, quando houve encontro de equivalentes ecológicos próximos durante o intercâmbio, os elementos da América do Norte prevaleceram. Nessa parte do mundo, pelo menos, a teoria de Matthew funcionou. Os mamíferos da América do Norte também conseguiram um maior grau de diversificação, se medido pelo número de gêneros. Um gênero é um grupo de espécies relacionadas, e um grupo de gêneros é uma família. O gênero *Canis*, por exemplo, abrange cães domésticos, lobos e coiotes; entre outros gêneros na família Canidae dos cães estão *Vulpes* (raposas), *Lycaon* (cães selvagens africanos) e *Speothos* (cachorros-do-mato sul-americanos). Durante o intercâmbio, o número de gêneros subiu rapidamente tanto na América do Norte quanto na América do Sul e permaneceu alto posteriormente. Na América do Sul, esse número começou em cerca de setenta e chegou a 170 nos dias de hoje. O inchaço dos números veio principalmente da especificação e da irradiação dos mamíferos da Laurásia depois de eles terem chegado à América do Sul. Os elementos antigos da América do Sul pré-invasão não foram capazes de se diversificar de maneira significativa nem na América do Norte nem na América do Sul. Assim, os mamíferos do hemisfério Ocidental como um todo têm hoje uma matriz fortemente vinda do norte. Perto de metade das famílias e dos gêneros da América do Sul pertence a grupos que imigraram da América do Norte nos últimos 2,5 milhões de anos.

Por que os mamíferos do norte prevaleceram? Ninguém tem certeza. A resposta tem ficado obscura em função de eventos complexos preservados de maneira imperfeita nos registros fósseis — o equivalente à névoa da guerra para os paleontólogos. A pergunta permanece em aberto diante de nós, como parte do problema mais amplo e ainda sem solução para o qual dirigimos nossa compreensão da sucessão dinástica. Biólogos evolucionários continuam voltando a esse problema de maneira compulsiva, como eu fiz numa noite enquanto acampava na Fazenda Dimona, na Amazônia brasileira, cercado por mamíferos originários da Laurásia. O que leva ao sucesso e ao domínio?

O sucesso na biologia é uma ideia evolucionária. Ela é mais bem definida como a longevidade de uma espécie com todos os seus descendentes. A longevidade dos pássaros Drepandini do Havaí será um dia medida desde o momento em que a espécie ancestral semelhante ao tentilhão derivou de outras espécies, passando por sua expansão pelo Havaí, e até a época em que a última espécie de Drepandini deixar de existir.

O domínio, por outro lado, é tanto um conceito ecológico quanto evolucionário. A melhor maneira de medi-lo é pela abundância relativa do grupo de espécies na comparação com outros grupos relacionados e pelo impacto relativo que ele tem na vida a seu redor. Em geral, grupos dominantes têm maior probabilidade de obter maior longevidade. As suas populações, simplesmente por serem maiores, têm menor tendência a diminuir até chegar à extinção em qualquer localidade dada. Tendo maior quantidade, eles também são mais capazes de colonizar mais localidades, aumentando o número de populações e tornando menos provável que todas as populações sofram extinção ao mesmo tempo. Grupos dominantes muitas vezes são capazes de antecipar a colonização de potenciais competidores, reduzindo ainda mais o risco de extinção.

Como os grupos dominantes se espalham mais longe tanto na terra quanto no mar, suas populações tendem a se separar em múltiplas espécies que adotam modos diferentes de vida: grupos dominantes têm tendência a experimentar irradiações adaptativas. Por sua vez, grupos dominantes que se diversificaram a esse ponto, como os Drepandini havaianos e os mamíferos placentários, estão em média em situação melhor do que os que são compostos de apenas uma espécie: como efeito puramente incidental, grupos altamente diversificados têm investimentos mais equilibrados e irão provavelmente persistir por mais tempo no futuro. Se uma espécie vier a acabar, outra que ocupa um nicho diferente provavelmente seguirá em frente.

Os mamíferos de origem norte-americana mostraram ser em geral dominantes sobre os mamíferos sul-americanos, e no final eles continuaram sendo mais diversificados. Mais de 2 milhões de anos depois do intercâmbio, a dinastia deles continua prevalecendo. Para explicar esse desequilíbrio, paleontólogos desenvolveram uma teoria amplamente aceita, um tipo de teoria evolucionária-biológica, em outras palavras, uma espécie de consenso coerente com o grande número de fatos. A fauna da América do Norte, eles percebem, não era insular e marcadamente diferente como a da América do Sul. Ela era e continua sendo parte da fauna da Laurásia, que se estende além do Novo Mundo para a Ásia, a Europa e até mesmo a África. A Laurásia é de longe a maior das duas massas de terra. Ela testou mais linhas evolucionárias, colocou competidores lado a lado e aperfeiçoou mais defesas contra predadores e doença. Essa vantagem permitiu que suas espécies vencessem por confrontação. Elas também venceram por insinuação, como no caso de guaxinins e cães selvagens que andam em matilhas. Muitos foram capazes de penetrar em nichos pouco ocupados de maneira mais decisiva, irradiando e preenchendo-os de maneira mais rápida. Tanto pela confrontação quanto pela insinuação, os mamíferos da Laurásia levaram vantagem.

O teste dessa teoria, concebida inicialmente em uma grande escala por William Diller Matthew e Philip Darlington, apenas começou. Certa ou errada, tenha ou não sustentação empírica definitiva, o teste dessa teoria por si só promete ligar a paleontologia à ecologia e à genética de maneiras novas e interessantes. Essa síntese vai continuar à medida que o estudo da diversidade biológica se expanda em círculos cada vez maiores rumo a investigações de outras disciplinas, a outros níveis de organização biológica e indo cada vez mais longe no tempo. Você pode ter um papel nisso se animais e plantas lhe interessam, e especialmente se você gosta de épicos e de guerras entre mundos diferentes.

O autor identificando insetos em um ninho de águia-pescadora nas Florida Keys, em 19 de março de 1968. Fotografia de Daniel Simberloff.

19. Teoria no mundo real

Pode lhe parecer que a ciência, tendo se tornado tão complexa e cheia de fatos e de teorias, seja uma profissão difícil de entrar. Talvez você se preocupe achando que a maior parte das oportunidades nas áreas de pesquisa e aplicação esteja ocupada, que a competição para o restante das vagas é dura e assustadora e que a maior parte dos grandes relatos épicos já tenha sido feita. Você está errado. Os pesquisadores da minha geração e outros que vieram antes de você conseguiram fazer muito. Mas eles não fecharam todos os caminhos nem entraram em todas as regiões desconhecidas. Pelo contrário, eles abriram novos caminhos. Na ciência, cada resposta faz surgir novas perguntas. Vou elevar essa verdade importante a um grau exponencial: na ciência, cada resposta cria *muitas* perguntas novas. Sempre foi assim, mesmo antes de Newton segurar um prisma na frente da luz solar e de Darwin pensar sobre as variações de tordos nas ilhas Galápagos.

Também foi Newton quem disse, numa frase que se tornou célebre, para todos os cientistas do futuro: "Se eu vejo mais longe do que outros, é por estar de pé sobre os ombros de gigantes". Agora vou contar a você uma história sobre ombros e gigantes.

Essa história poderia começar em vários pontos, mas eu começarei em 26 de dezembro de 1959, no encontro anual da Associação Americana para o Avanço da Ciência, em Washington, quando um amigo em comum me apresentou a Robert H. MacArthur. Robert (ele não gostava de ser chamado de Bob) e eu éramos relativamente jovens. Ele tinha 29 e eu tinha trinta anos. Nós dois éramos ambiciosos, cada um procurando conscientemente a oportunidade de fazer um grande avanço na ciência. MacArthur era brilhante. Ele era em geral visto como o novo avatar da ecologia teórica, já tendo feito vários avanços seminais. Era um naturalista ávido e um expert em pássaros, e além disso (muito importante no nosso caso) um matemático habilidoso. Magro, de rosto e temperamento fortes, ele tinha modos intensos e reclusos que mantinham os tolos à distância. Ele não era do tipo que põe a mão no ombro e dá tapinhas nas costas, nem ria com frequência ou alto. Embora tenhamos passado muito tempo juntos, MacArthur e eu nunca nos tornamos amigos próximos. Olhando em retrospectiva, percebo que nós sempre ficamos um estudando o outro.

O mentor dele em Yale, o primeiro gigante dessa história, foi G. Evelyn Hutchinson, que estava levando a ecologia à síntese evolucionária moderna. Ele era famoso por seus alunos brilhantes e rigorosos. Sob sua tutela, MacArthur já tinha deixado sua marca ao mostrar como processos ecológicos complexos, como a competição na organização de comunidades e a evolução de taxas de reprodução, podiam ser simplificados em uma forma mais palatável para análise matemática prática. Nós dois seríamos, dez anos mais tarde, eleitos para a Academia Nacional de Ciências, também em uma idade excepcionalmente precoce. Em 1972, no auge de sua criatividade, MacArthur morreu de câncer nos rins. A ciência foi desse modo privada de sua grandeza futura, uma perda imensa.

Indo juntos a congressos no início dos anos 1960, nós dois víamos a ecologia e a biologia evolucionária como sendo potencialmente uma disciplina contínua cheia de oportunidades para inovação na teoria e na pesquisa de campo. Esse era um novo conceito defendido por G. Evelyn Hutchinson. Mas nós tínhamos outro conceito, que nos deixava igualmente motivados. Nos anos 1960, a revolução da biologia molecular e celular já estava bem desenvolvida. Era evidente que a segunda metade do século XX seria o seu período de maior glória, e um dos períodos mais transformadores de todos os tempos na história da ciência. A biologia molecular e a biologia celular eram movidas não apenas pelas extraordinárias oportunidades que ofereciam para a inovação, mas também pelos imensos recursos de financiamento que recebiam em função de sua óbvia importância para a medicina.

MacArthur e eu compreendemos com clareza o que estava acontecendo. Nós também vimos que um resultado negativo na ciência era o rebaixamento de nossas disciplinas, a ecologia e a biologia evolucionária. Não tínhamos equivalentes à dupla hélice, nenhuma ligação direta com a física e a química, como ocorria com a biologia molecular e celular. O seminal *Primavera silenciosa*, de Rachel Carson, havia sido publicado em 1962, dando início ao moderno movimento ambientalista, o que pode ter feito surgir uma fonte de financiamento equivalente à da medicina, mas essa beneficência ainda estava em sua infância. As novas disciplinas da biologia de conservação e dos estudos de biodiversidade só surgiriam nos anos 1980.

Além disso, com a exceção da genética de populações e de alguns princípios muito abstratos de ecologia, tínhamos poucas ideias que podiam ser relacionadas concretamente da maneira como se esperava nas ciências naturais maduras. Biólogos moleculares e biólogos celulares estavam sendo chamados para vagas em universidades dedicadas à pesquisa, sem ter qualquer preocupação com a biologia no nível do organismo e da população. Na opinião deles, se é que eles se importavam a ponto de formar uma opinião, nossas disciplinas eram antiquadas e não havia esperança de que pudessem ser produtivas. As fronteiras da biologia, parecia, haviam dado uma guinada decisiva para a esquerda, na direção da física e da química. Não é que essa nova geração de biólogos considerasse a velha guarda algo sem importância. Era mais como se eles esperassem fazer um trabalho melhor de pesquisa quando, algum dia, eles conseguissem fazer esses estudos por conta própria. Os caminhos estavam lá para que MacArthur, eu e outros jovens ecologistas os seguissem, mas eles se mostraram difíceis de seguir.

Minhas dificuldades em Harvard aumentavam pelo fato de eu ser o único professor permanente dessa instituição trabalhando com aquilo que mais tarde seria chamado de biologia organísmica e evolucionária. Os mais velhos e mais reconhecidos membros do corpo docente que trabalhavam com as mesmas disciplinas ou estavam completamente absorvidos na tarefa de cuidar de seus próprios jardins acadêmicos ou estavam em negação — indiferentes e sem qualquer vontade de lidar com a ameaça.

O exemplo definitivo de *noblesse non oblige* era o venerando George Gaylord Simpson, o segundo gigante da história. Ele era uma autoridade mundial em paleontologia de vertebrados e um dos autores da síntese moderna. Ele havia inventado um relato brilhante da evolução e dos movimentos das faunas ao redor do planeta. Mas sua resistência em trabalhar com os outros era lendária. Velho e doente na época em que cheguei a Harvard, aleijado por causa de uma árvore que caiu sobre ele durante uma visita recente à Amazônia, ele preferia trabalhar sozinho em seu gabinete recluso nas entranhas do Museu de Zoologia Comparativa. Quando, em uma ocasião, Robert MacArthur visitou o Departamento de Biologia, eu marquei uma audiência para que ele visitasse Simpson. Um encontro de cérebros privilegiados, eu imaginava, de gerações diferentes. Eu o levei até o gabinete do grande homem, depois deixei os dois sozinhos para não me meter na conversa. (Eu esperava ouvir tudo sobre o encontro mais tarde, de qualquer maneira.) Voltei para o meu gabinete e comecei a trabalhar com a papelada. Uns quinze minutos depois MacArthur apareceu na minha porta. "Ele mal disse uma palavra", Robert contou. "Ele simplesmente se recusou a falar."

A melancolia de Simpson, e do meu ponto de vista sua indiferença em relação ao desequilíbrio intelectual da biologia em Harvard, já havia desempenhado um papel na introdução da expressão "biologia evolucionária". Em 1960, os membros do corpo docente do Departamento de Biologia que trabalhavam com ecologia e evolução, com menor poder de fogo, menor financiamento e destinados a logo ficar em menor número, decidiram formar um comitê para organizar e unir nossos esforços. Eu cheguei cedo na primeira reunião e logo fui seguido por Simpson, que sentou à minha frente (em silêncio) para esperar nossos colegas.

"Como devemos chamar o novo tema?", arrisquei.

"Nem ideia", ele respondeu.

"Que tal 'biologia real'?", eu continuei, tentando fazer graça. Silêncio.

"Biologia de organismo integral?"

Sem resposta. Bem, de qualquer maneira aquelas eram ideias ruins.

Houve uma pausa, e eu acrescentei: "O que você acha de 'biologia evolucionária'?"

"Parece bom para mim", Simpson disse, talvez só para fazer com que eu ficasse quieto.

Outros membros do comitê começaram a chegar e, quando estávamos prontos para começar, aproveitei a oportunidade para dizer: "George Simpson e eu concordamos que o termo correto para o tema como um todo que nós representamos é 'biologia evolucionária'", o nome que eu havia inventado ali na hora.

Simpson não disse nada, e nosso grupo passou a se chamar Comitê de Biologia Evolucionária. Mais tarde ele veio a ser o nome da disciplina científica. Se houve outro momento anterior e independente de criação do nome, e eu nunca ouvi falar dele, pelo menos o uso mais influente do nome foi feito na época em que mais se precisava dele.

A inveja e a insegurança estão entre os motores da inovação científica. Se você sentir um pouco de cada um, isso não vai lhe fazer mal. No caso de MacArthur e no meu caso, o desejo de criar uma nova teoria era reforçado pelo reconhecimento de que aquilo que nós agora estávamos chamando de biologia evolucionária, e que é mais uma subdivisão quantitativa da biologia de população, exigia um rigor comparável ao da biologia molecular e celular. Nós precisávamos de teoria quantitativa e de testes definitivos das ideias extraídas da teoria e de conexões vívidas com os fenômenos da vida real. Essas marcas da excelência eram relativamente raras nos temas com que trabalhávamos. Era hora de nos concentrarmos em ir atrás delas.

Falei com MacArthur sobre ilhas que eu havia visitado ao redor do mundo e sobre o uso delas no estudo das ligações entre a formação e a geografia das espécies. Eu conseguia ver que ele não estava empolgado com a complexidade do tema. Ele ficou muito mais interessado na área das espécies e nas curvas com que eu também vinha trabalhando. Esses trabalhos mostravam de uma forma simples as áreas geográficas (medidas em milhas ou quilômetros quadrados) de ilhas em diferentes arquipélagos do mundo, principalmente nas Índias Ocidentais e no Pacífico Ocidental, e o número de espécies de pássaros, plantas, répteis, anfíbios ou de formigas encontradas em cada ilha. Nós podíamos ver com clareza que, com um aumento de área de uma ilha para a outra, o número de espécies crescia aproximadamente à raiz quarta. Isso significa, por exemplo, que, se uma ilha em um arquipélago tem dez vezes o tamanho de outra no mesmo arquipélago, ela conterá aproximadamente duas vezes o número de espécies. Nós também observamos que ilhas mais distantes do continente tinham menos espécies do que as que ficavam mais próximas.

Quando falei a ele sobre equilíbrio, falei das ilhas próximas e distantes como estando "saturadas". MacArthur disse: "Deixe-me pensar um pouco sobre isso". Eu confiei que ele iria descobrir algo. Eu já tinha visto indícios da engenhosidade de McArthur para transformar sistemas complexos em algo mais simples.

MacArthur logo me escreveu uma carta em que postulava o seguinte:

> Comece com uma ilha vazia. À medida que ela se enche de espécies, há cada vez menos espécies disponíveis de outras ilhas que possam chegar como imigrantes, e assim a taxa de imigração cai. Além disso, à medida que a ilha fica cheia de espécies, ela se torna mais lotada e o tamanho médio de cada população diminui. Como resultado, a taxa de extinção de espécies aumenta. Portanto, à medida que a ilha fica cheia, a taxa de imigração cai e a extinção de espécies já apresenta crescimento. Onde as duas curvas se cruzam, a taxa de extinção se iguala à taxa de imigração, e o número de espécies atinge o equilíbrio.

Para continuar, em ilhas pequenas a superpovoação de espécies é mais severa, e a curva da taxa de extinção é mais íngreme. Em ilhas distantes, a imigração é menor, e a curva de imigração menos íngreme. Em ambos os casos, o resultado é um número menor de espécies no momento do equilíbrio.

Em 1967, MacArthur e eu aplicamos esse modelo simples a todo tipo de dado sobre assuntos correlacionados na ecologia, na genética de populações e até mesmo na gestão de vida selvagem que conseguíamos encontrar, e reunimos tudo isso, da melhor maneira que pudemos, em *The Theory of Island Biogeography*. O livro teve e continua a ter uma influência considerável nas disciplinas para as quais foi escrito. Ele também desempenhou um papel na criação de uma nova disciplina da biologia de conservação nas décadas seguintes. Foi um bom exemplo do princípio que eu pedi que você lembrasse: na pesquisa, defina um problema da maneira mais precisa possível, e escolha se necessário um ou dois parceiros para resolvê-lo.

Mesmo assim, eu não estava completamente satisfeito com o nosso resultado. Eu me perguntava enquanto estávamos trabalhando: como podemos testar uma teoria como essa? O equilíbrio que vislumbramos podia exigir séculos para ser obtido. Assim, como alguém conduz um experimento com Cuba, Porto Rico e com as outras ilhas das Índias Ocidentais? Não dá. Ao invés disso, o que se faz é observar outro sistema mais amigável. Você pode se lembrar de outro princípio de pesquisa científica que eu lhe enunciei em uma carta anterior. É aquele de que para cada problema existe um sistema ideal para sua solução. Na biologia, o sistema normalmente é o organismo de uma espécie em particular, como a bactéria *Escherichia coli* para problemas de genética molecular. Eu estava procurando algo localizado acima na escala da organização biológica. Eu precisava de um ecossistema ideal.

Fui movido por dois desejos intensos. Queria continuar trabalhando com ilhas, fosse qual fosse o pretexto. E queria fazer algo radicalmente novo na biogeografia. Imaginei que eu poderia fazer ambas as coisas se escolhesse um ecossistema pequeno o suficiente para ser manipulado.

Uma solução então se ofereceu por conta própria. Insetos — a minha especialidade — são quase de tamanho microscópico se comparados com mamíferos, pássaros e outros vertebrados que haviam sido alvo de estudos iniciais da biogeografia. Eles pesam alguns poucos miligramas ou menos, enquanto vertebrados são medidos em gramas ou mais. Há muitas ilhas minúsculas nas quais insetos podem viver e se reproduzir por gerações. Em vez de apenas uma ou de várias ilhas do tamanho de Cuba, Barbados ou Dominica, onde pássaros e mamíferos podem ser estudados, há centenas de milhares de ilhas ao redor do mundo com uma área de um hectare ou menos. De algum modo, eu imaginava, as faunas de insetos, aranhas e outros invertebrados de algumas ilhas podiam ser alteradas para que as taxas de imigração e extinção nelas pudessem ser medidas. A partir desses dados, múltiplos testes podiam ser inventados para testar hipóteses, para avaliar a própria teoria e para descobrir novos fenômenos.

Um novo mundo se abriu na minha imaginação. Eu via as pequenas ilhas do mundo como o modelo perfeito de ecossistema. Agora eu estava em busca de um laboratório. Tinha de ser um agrupamento de pequenas ilhas, umas maiores do que as outras, próximas e distantes umas das outras. Onde poderia ser encontrado um microarquipélago ideal? Observei mapas detalhados do Atlântico Oriental e do sul da Costa do Golfo dos Estados Unidos, indo das proeminências rochosas do Maine às Harbor Islands de Boston, à barreira de ilhas das Carolinas, da Geórgia, da Flórida e dos estados do Golfo indo para o oeste. Todos esses lugares podiam ser visitados com uma viagem de um dia saindo da Universidade de Harvard. Não demorei muito para escolher as incontáveis ilhas tropicais das Florida Keys e da baía da Flórida.

Para realizar experimentos que iriam produzir o que os cientistas gostam de chamar de conclusões "sólidas", eu precisava que minhas ilhas começassem do zero — vazias, sem qualquer tipo de inseto. Minha atenção se fixou nas pequenas ilhas varridas pelas ondas do mar de Dry Tortugas, o agrupamento de ilhas mais externo das Florida Keys. Com a exceção de Fort Jefferson na extremidade, elas são quase ilhas desertas, que abrigam apenas pequenos trechos de vegetação e relativamente poucas espécies de insetos e outros vertebrados. Havia uma vantagem que tornava as ilhas mais simples: sempre que um furacão passa por ali, as ilhas têm toda a sua vida terrestre varrida.

Em 1965, levei uma equipe de estudantes de graduação comigo para as Dry Tortugas para observar a situação. Nós mapeamos todas as plantas em várias das ilhas e registramos todas as espécies de insetos e de outros invertebrados que conseguimos encontrar. Durante a estação de furacões que se seguiu, em 1966, não apenas um, mas dois furacões passaram pelas Dry Tortugas. Voltamos logo depois e, com toda certeza, as pequenas ilhas estavam sem qualquer planta ou animais terrestres.

Parecia que esse era o principal problema a ser resolvido, mas a essa altura eu havia começado a ter dúvidas sobre o uso das Dry Tortugas. Eu acreditava que, para conduzir um experimento de alta qualidade e de valor duradouro, do tipo que outros pudessem repetir de maneira conveniente, eu precisava de um laboratório melhor. Queria mais ilhas do que as que havia nas Dry Tortugas. Precisava conduzir por conta própria a remoção das espécies, em vez de confiar no clima, que é aleatório. Também seria melhor usar controles — ilhas quase idênticas ao conjunto onde seria realizado o experimento e tratadas da mesma forma, mas sem a remoção dos animais. Por fim, eu precisava de mais biologia. As faunas das Dry Tortugas eram tão pequenas e o ciclo de vida dos ecossistemas eram tão curtos que chegavam a reduzir a fauna e a flora a geradores aleatórios de números. Eu precisava de faunas maiores e mais típicas de ecossistemas naturais, e eu precisava de ilhas que sofressem menos perturbações.

Antes de lhe dizer como o objetivo foi atingido, vou fazer uma pausa para reforçar um argumento que defendi antes: o de que a pesquisa bem-sucedida não depende de habilidade matemática, nem mesmo de compreensão profunda da teoria. Ela depende em grande medida de escolher um problema importante e de encontrar uma maneira de resolvê-lo, ainda que de maneira imperfeita inicialmente. Muitas vezes a ambição e o espírito empreendedor, combinados, superam a genialidade.

Eu estava determinado a resolver esse problema de biogeografia e estava empolgado com o desafio de desenvolver uma nova tecnologia ao fazer isso. Descobri aquilo de que eu precisava nas pequenas ilhas de manguezais da baía da Flórida, pouco ao norte das Dry Tortugas. Há muitas delas: pense no significado de o arquipélago na extremidade norte da baía ser chamado de Dez Mil Ilhas. O dano causado ao sistema de manguezais da baía da Flórida como um todo pela remoção de invertebrados de cerca de uma dúzia de ilhas era algo desprezível, e que logo seria reparado.

Nessa altura, recrutei a colaboração de Daniel S. Simberloff, um de meus alunos de graduação com bom conhecimento de matemática. Rapidamente percebi que tinha escolhido bem o meu parceiro. Como no caso do trabalho de MacArthur, a matemática de Simberloff se encaixava bem na minha própria história natural. Desse ponto em diante, enquanto enfrentávamos juntos o desconhecido, nos tornamos mais colegas do que professor e aluno. Juntos, passo a passo, elaboramos o método de remoção de todos os animais invertebrados das ilhas de manguezais sem que houvesse danos às árvores e ao restante da vegetação. Sem entrar em detalhes de nossos fracassos e das vezes que tivemos de recomeçar, inventamos o método simples e direto de erradicação: contratar uma empresa de controle de pragas que erguesse uma tenda em cada ilha e a dedetizasse. Não foi tão fácil quanto pode parecer. Trabalhando em equipe, tivemos de inventar a estrutura certa a ser erguida na água rasa e encontrar o tipo certo de inseticida e a dose a ser aplicada. Tivemos de caminhar em meio a uma imundície que se parecia com cola e convencer os trabalhadores que estavam nos ajudando de que os tubarões que nadavam perto das ilhas na maré alta eram inofensivos.

Não menos importante, Simberloff e eu também tivemos de criar uma rede de experts em vários grupos de invertebrados — besouros, moscas, mariposas, piolhos-das-cascas, aranhas, centopeias e assim por diante — para identificar corretamente as espécies. Depois de dois anos monitorando as imigrações e as extinções que se seguiram, e para meu grande alívio (e também de Simberloff — ele precisava extrair uma tese de doutorado dessa parte do trabalho), a recolonização foi compatível com o modelo de equilíbrio. Nós também aprendemos muito sobre o próprio processo de colonização. Eu considerei a aventura como um todo, da teoria ao experimento, uma das experiências mais satisfatórias de toda a minha vida científica.

Espero que na sua carreira você veja uma ou mais oportunidades desse tipo e que, como Daniel Simberloff e eu, aceite o risco envolvido. Nós nos pusemos nos ombros de gigantes e fomos capazes de enxergar um pouco mais longe.

V. VERDADE E ÉTICA

Medalha Nacional de Ciências dos Estados Unidos.

20. A ética científica

Cheguei ao fim dos conselhos que queria lhe dar, e encerrarei agora estas cartas com dicas de comportamento adequado na condução de sua pesquisa e na publicação dos resultados.

É improvável que durante sua carreira você enfrente problemas filosóficos como o da conveniência de criar organismos artificiais ou de realizar experimentos cirúrgicos em chimpanzés. Em vez disso, a maior parte das decisões morais que você será obrigado a tomar terá a ver com o seu relacionamento com outros cientistas. Tarefas empreendedoras que vão além do simples diletantismo criam dificuldades que não se resumem ao mero risco do fracasso. Essas tarefas vão colocá-lo em uma arena competitiva para a qual você pode não estar emocionalmente preparado. Você pode se pegar em uma corrida contra outras pessoas que escolheram fazer o mesmo caminho. Vai se preocupar que alguém mais preparado e com mais recursos financeiros atinja o objetivo antes de você. Quando vários investigadores criam um novo campo de trabalho importante ao mesmo tempo, eles frequentemente criam um período dourado de cooperação entusiasmada, mas mais tarde, à medida que outros grupos acompanham as mesmas descobertas, é inevitável um certo grau de rivalidade e de inveja. Você, caso seja bem-sucedido, terá competidores amistosos e competidores que não conhecem limites. Haverá fofocas e sigilo para proteger o trabalho de cada um. Isso não deve ser surpresa. Empresários sofrem quando são vencidos pelos concorrentes no mercado. Por que imaginar que os cientistas são diferentes?

Descobertas originais, deixe-me lembrá-lo, são o que mais conta. Vou dizer isso de maneira mais incisiva: elas são *só* o que conta. Elas são a prata e o ouro da ciência. Portanto, receber crédito adequado por elas não é apenas um imperativo moral, mas é vital para o livre intercâmbio de informações e para que haja relações amistosas dentro da comunidade científica como um todo. Pesquisadores exigem corretamente reconhecimento por todo o seu trabalho original, se não por parte do público em geral, pelo menos dos colegas de sua área de atuação. Eu nunca conheci outro cientista que não se sentisse bem — que não se sentisse muitíssimo bem — ao receber uma promoção ou um prêmio concedido em função de pesquisas originais. Como o ator Jimmy Cagney disse da sua carreira no cinema: "Você é tão bom quanto as pessoas dizem que você é".

O grande cientista que trabalha para si mesmo em um laboratório escondido não existe. Portanto, seja rigoroso ao ler e ao citar literatura. Dê crédito quando devido, e espere o mesmo de outros. Crédito dado com honestidade e cuidado tem enorme importância. Recomendar um colega para que receba prêmios ou outras formas de reconhecimento é uma forma relativamente incomum de altruísmo quando praticada entre cientistas. Mesmo se isso for difícil, não recue diante dessa possibilidade. Por outro lado, fazer isso por um rival, especialmente por um de que você não gosta, e pondo em risco o seu próprio reconhecimento, seria realmente nobre. Não se espera isso de você. Deixe que outras pessoas façam a indicação. Em vez de fazer isso, apenas cerre os dentes e dê os parabéns.

Você cometerá erros. Tente não cometer erros grandes. Seja qual for o caso, admita os erros e siga em frente. Um simples erro na descrição ou nas conclusões será perdoado se for publicamente corrigido. (Pelo menos uma revista de ponta tem uma seção especial de erratas.) Uma reparação honesta de um resultado não causará danos definitivos se for feita graciosamente, e especialmente com agradecimentos para os cientistas que alertaram para o erro usando indícios e raciocínio lógico. Mas a fraude nunca, nunca será perdoada. A punição é a morte profissional: exílio, nunca ter novamente a confiança dos outros.

Se você não tiver certeza de um resultado, repita o trabalho. Se você não tem o tempo ou os recursos para fazer isso, deixe a coisa toda de lado ou passe a pesquisa para outra pessoa. Se os fatos que você coletou são consistentes, mas você não está certo sobre as conclusões, diga isso. Se você não tiver a oportunidade ou os recursos para repetir seu trabalho e confirmá-lo, não tenha medo de usar palavras que denotem uma incerteza tímida: "aparentemente", "parece", "sugere", "pode ser", "levanta a possibilidade de". Se o resultado valer a pena, outros cientistas vão ou confirmar ou rebater aquilo que você pensa ter descoberto, e todos compartilharão o crédito. Isso não é desleixo. É apenas boa conduta profissional, fiel ao cerne do método científico.

Por fim, lembre-se de que você entra em uma carreira científica acima de tudo para ir em busca da verdade. O seu legado será o acréscimo e o uso inteligente de conhecimento novo e verificável, de informações que podem ser testadas e integradas ao restante da ciência. Esse conhecimento nunca pode ser danoso em si mesmo, mas como a história tem mostrado incansavelmente, a maneira como ele é deturpado pode ser danosa, e se esse conhecimento for aplicado por ideólogos, pode ser mortal. Seja um ativista se você considerar necessário — mas nunca traia a confiança que lhe foi dada pelo fato de você ser integrante do empreendimento científico.

Agradecimentos

Como em muitos de meus livros anteriores, fico feliz por agradecer pela orientação e pelo incentivo de meu agente literário, John Taylor Williams, e de meu editor, Robert Weil. Também gostaria de agradecer pelos conhecimento e trabalho duro e fundamental de minha assistente, Kathleen M. Horton.

Créditos das imagens

Frontispício: Fotografia de Alex Harris.
Página 10: Fotografia de Howard J. Spero.
Página 16: *Boy Scout Handbook* [Manual do escoteiro], 4ª edição, 1940, p. 643.
Página 22: © Paul Wiegert.
Página 34: Pintura de Dana Berry/ Instituto de Ciência do Telescópio Espacial (STSCI). Disponível em: <http://hubblesite.org/newcenter/archive/releases/1990/29/image/a/warn/>.
Página 44: English Heritage Images.
Página 55: Modificado a partir de Lada A. Adamic e Natalie Grance, "The Political Blogosphere and the 2004 U.S. Election: Divided they Blog". *Proceedings of the 3rd International Workshop on Link Discovery* (LinkKDD'05), ago. 2005, pp. 36-43.
Página 61: Tom Prentiss. Modificado a partir de Edward O. Wilson, "Pheromones". *Scientific American*, v. 208, n. 5, maio 1963, pp. 100-14.
Página 71: John Hoyle.
Página 77: © Piotr Naskrecki.
Página 82: Modificado a partir de fotografia da Nasa/JPL-CALTECH/ASU/UA.
Página 88: © Brian Kobilka.
Página 98: Coletada por Stefan Cover no Peru. Fotografada por Christian Rabeling.
Página 105: Barrett Klein/ Departamento de Biologia, Universidade de Winsconsin, La Crosse (<www.pupating.org>).

Página 119: Modificado do desenho original em W. Ford Doolittle, "Phylogenetic Classification and the Universal Tree". *Science*, v. 284, n. 2127, 25 jun. 1999, figura 3.

Página 124: Modificado a partir de Catherine E. Wagner, Luke J. Harmon e Ole Seehausen, "Ecological Opportunity and Sexual Selection Together Predict Adaptive Radiation". *Nature*, v. 487, 2012, pp. 366-9.

Página 140: © Klaus Bolte.

Página 146: © Abigail Lingford.

Página 155: Desenho de Tom Prentiss (mariposas) e de Dan Todd (espaço ativo do atrativo sexual © *Scientific American*). Modificado a partir de Edward O. Wilson, "Pheromones". *Scientific American*, v. 208, n. 5, maio 1963, pp. 100-14.

Página 168: Michael R. Long/ © Biblioteca de Imagens do Museu de História Natural, Londres.

Página 179: Fotografia de Daniel Simberloff.

Página 194: Propriedade do governo em domínio público.

1ª EDIÇÃO [2015] 2 reimpressões

ESTA OBRA FOI COMPOSTA EM MINION PELO ACQUA ESTÚDIO E IMPRESSA
PELA GEOGRÁFICA EM OFSETE SOBRE PAPEL PÓLEN SOFT DA SUZANO S.A.
PARA A EDITORA SCHWARCZ EM JULHO DE 2021

A marca FSC® é a garantia de que a madeira utilizada na fabricação do papel deste livro provém de florestas que foram gerenciadas de maneira ambientalmente correta, socialmente justa e economicamente viável, além de outras fontes de origem controlada.